高职高专服装专业纺织服装教育学会“十二五”规划教材

服装工业效果图

高晓燕 主 编
安 平 祖秀霞 吴忠正 副主编
田俊英 参 编

中国轻工业出版社

图书在版编目（CIP）数据

服装工业效果图 / 高晓燕主编. —北京：中国轻工业出版社，2014.3
高职高专服装专业纺织服装教育学会“十二五”规划教材
ISBN 978-7-5019-9032-0

Ⅰ.①服… Ⅱ.①高… Ⅲ.①服装设计－效果图－高等职业教育－教材 Ⅳ.①TS941.28

中国版本图书馆CIP数据核字（2014）第025628号

责任编辑：杨晓洁　　责任终审：张乃柬　　封面设计：锋尚设计
版式设计：锋尚设计　　责任校对：吴大鹏　　责任监印：张　可

出版发行：中国轻工业出版社（北京东长安街6号，邮编：100740）
印　　刷：北京京都六环印刷厂
经　　销：各地新华书店
版　　次：2014年3月第1版第1次印刷
开　　本：889×1194　1/16　印张：7.5
字　　数：200千字
书　　号：ISBN 978-7-5019-9032-0　定价：35.00元
邮购电话：010-65241695　传真：65128352
发行电话：010-85119835　85119793　传真：85113293
网　　址：http://www.chlip.com.cn
Email：club@chlip.com.cn
如发现图书残缺请直接与我社邮购联系调换
110207J2X101ZBW

服装
工业效果图

前言

在落笔之前，我先想到了我国的职业教育，职业教育培养的是有良好的职业道德，掌握岗位需要的专业技能，从事一线（区别于科学研究）设计、生产、管理的应用技术人才。职业教育与职业岗位是密不可分的，那么，职业教育就应以职业岗位的需求为出发点，设置课程与课程内容。

“服装效果图”这门课程一直是高等职业院校服装设计专业的必修课程，也是核心课程。对于服装行业来说，服装设计师、服装设计师助理是不可或缺的岗位，再好的创意或设计理念，最终也要通过图表达在纸面上，并传达给生产加工的相关人员，这是高职服装效果图这门课程的精华所在。一幅效果图的作用不仅仅是欣赏其传达的美，还要起到指导生产的作用，用图示指导制作人员将面料制作成时装，再将这种美传达给消费者，这是艺术和技术真正的融合。在这样一个前提下，促使我从艺术与技术双重角度编写此书。本书涉及的内容既包括了服装设计与品牌服装设计课程需要的款式图与效果图的绘制方法，又涵盖了服装制板、制作用到的图示，并将书名定为《服装工业效果图》。

“工业”二字容易让人联想到大规模的生产加工，而忽视艺术、忽视美的存在，我认为，无论是时装画、效果图，还是款式图、细节图，首先传达的是美感，任何美的东西都会引起人们的共鸣，这是人们对美的追求。所以，本书将这一点放在首要的位置编写，以手绘效果图的绘制为主要学习内容，展示手绘效果图的魅力。

另外，本教材与当前服装市场、服装流行趋势、企业岗位需求紧密联系，与时俱进。本书运用大量的实际案例进行分析，同时给读者提供了学习、临摹、鉴赏的资料。《服装工业效果图》保持与行业、企业的交流与联系，教材的建设团队由学院教师与服装企业设计师组成，全方位进行教材的开发，双方共同完成包括教材大纲、教材内容等的建设。

编者

2013.11

目录

contents

第四章

人体着装表现

第五章

人体着装彩色表现

服装
工业效果图

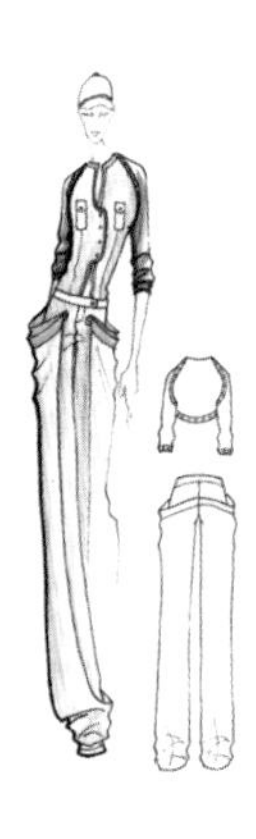

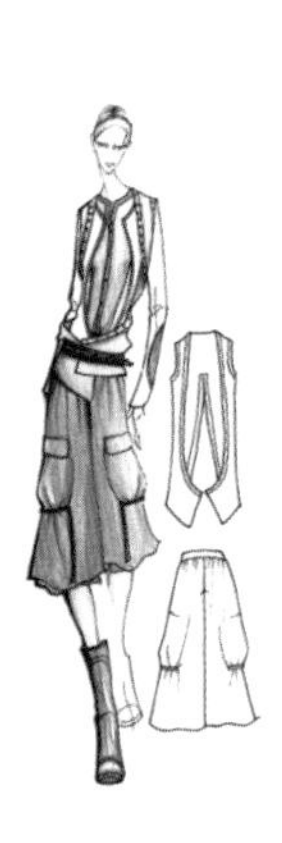

第一章

服装工业效果图概述

一、工业效果图与时装画的区别

服装绘画是用来表现人体着装、服装设计理念的画种，服装绘画从表现形式上分为侧重艺术效果的时装画与侧重实际应用的效果图两大类。时装画的艺术欣赏价值高于应用价值，运用多种材料、多种形式、多种风格进行艺术表现，是服装设计理念概念化的表现，传达的是一种意向，如图1–1所示；而效果图则注重表现服装结构与人体着装的整体效果，当然也可进行适当的艺术夸张，主要应用于实际生产、传达设计理念的设计稿，是目前服装设计、生产企业主要的表现形式，也称工业效果图，如图1–2所示。

二、工业效果图对服装设计的意义

近些年，服装品牌如雨后春笋般大量涌现，服装设计师成了这个行业的急需人才，服装设计师不仅要绘制设计稿，还要明确地将设计意图通过文字或图示传达给制板、制作人员。目前，工业效果图在企业与院校教学中应用广泛（尤其是在高职服装专业教学中），以便更好地与企业实际应用对接，实际上，工业效果图也可用多种形式、多种风格表现。

▲图1–1　时装画

▲图1-2　效果图

三、效果图与平面款式图的作用

工业效果图有表现人体着装效果的立体效果图（穿时装的模特）与表现服装静态展示的款式图。立体效果图可以让设计师及以外的人直观地看到服装穿在人体上的整体效果，服装的长短、肥瘦，各部位与人体的比例，可以让人联想到效果图上的服装款式制成成衣后的样子，多用于设计与打板环节；款式图则会让人清晰地看到服装款式结构及各部位细节，所以绘制款式图一定要真实、清晰、明确，不要随意进行夸张，款式图多用于打板、制作环节，有指导生产的作用。

思考与练习题

1. 服装工业效果图怎样才能和实际生产衔接？
2. 我国服装绘画的现状是什么？

服装
工业效果图

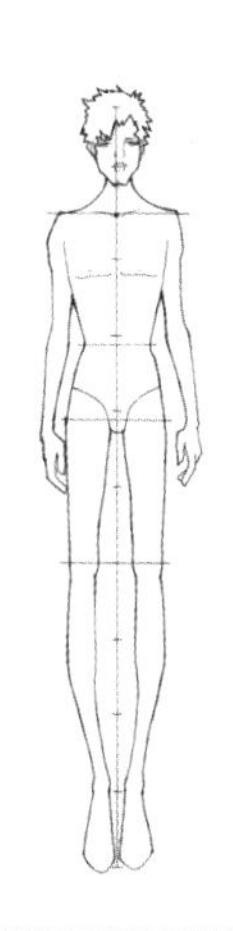
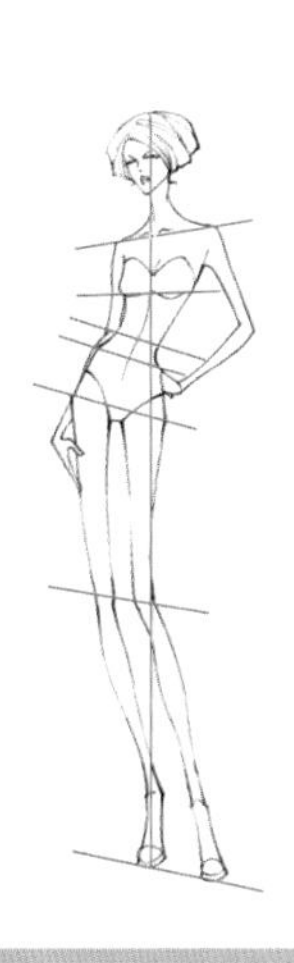
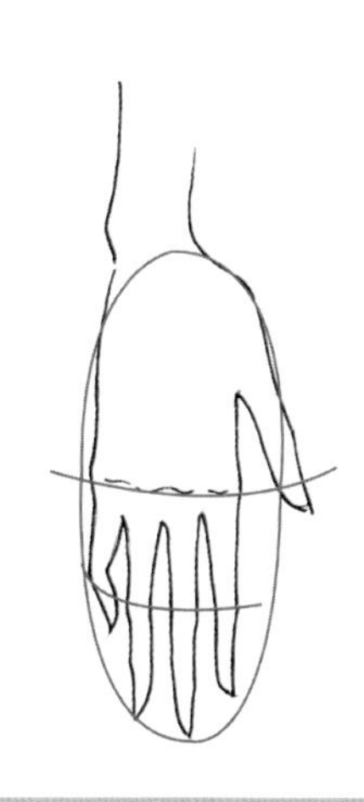
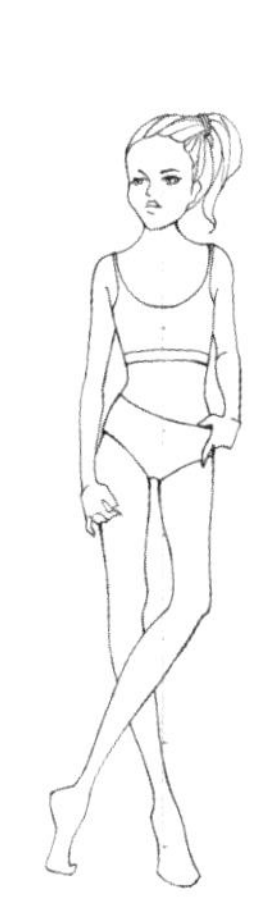

第二章

常用人体动态表现

通常把服装效果图中的人体称为艺用人体，为了表现出理想的着装状态与艺术形态，通常要对正常人体进行夸张，即横向收紧，纵向拉长，描绘出高挑纤瘦的艺用人体。人体动态是服装工业效果图绘制的第一步，是最基础的部分，这也是让许多初学者感到很难、很乏味的部分，要绘制出体态放松优美、匀称纤瘦的人体确实不容易，但只要掌握正确方法，善于观察人体的廓形、比例，练习时多用流畅的单线、长线绘制，就会熟练绘制出各个角度的人体动态。

第一节 不同角度男、女、童人体动态表现

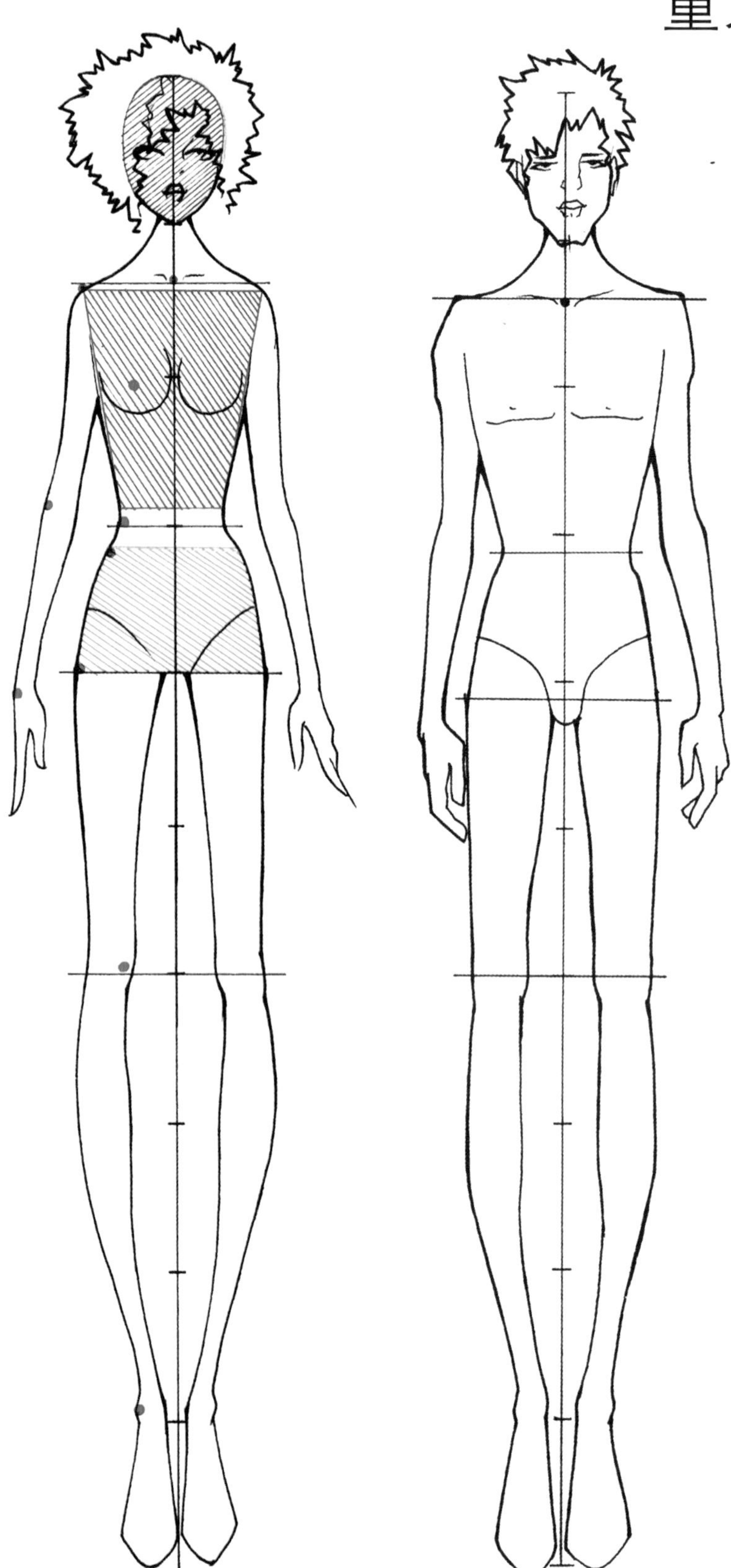

▲图2-1-1 男女正面人体

一、认识人体

人体很复杂，但绘画者并不需要对构成人体的骨骼和肌肉全部熟悉、认知，只需记住绘画所需的点、线、面即可，如图2-1-1所示。在服装人体绘画中，常把头高作为一个度量的工具，在本书中以十头高人体比例为艺用人体的常用比例，并且对人体每一部分进行划分，但是这个划分不是绝对的，绘画者可以根据自己的绘画习惯稍作调整。

（1）点——颈窝点、肩高点、胸高点、腰部最小点、骨盆点、大转子点、膝盖点、肘关节点、腕关节点、踝关节点。

（2）线——肩线、腰线、骨盆线、臀围线、四肢线。

（3）面——头、胸廓、骨盆。

二、不同角度人体重心平衡

要想绘制出放松的人体动态，就必须掌握重心的平衡。重心就是人体各部分所受重力的合力的作用点，所谓平衡是身体各部分在力量上相抵而保持的一种相对静止的状态。具体到人体动态的描绘中，无论人体处于何种动态，人体四肢及躯干、骨盆等各部位相互配合、协调，受力点往往落在两只或一只脚上，共同完成一个完整放松的动态。重心平衡往往会参照一条重心线，即从颈窝点往下引一条垂直于地面的直线。静止站立、不作任何动态变化的人体，重心平衡很好掌握，重心线正好落在两脚的中间，两腿平均受力；当动态变化，重心发生偏移，这时的重心线会落在一条腿上，身体的各部位会发生一系列的连锁反应。

承受重力一侧的肩线、胸围线与腰线、骨盆线、臀围线在透视作用下交叉到透视点上，如图2-1-2所示。

第二节　不同角度人体绘画技巧

人体的绘画一般按转动的角度去划分，如正面、侧面、背面、3/4正面、3/4侧面等，如图2-2-1至图2-2-3所示，当然，再加上四肢、头部的各种动作，人体的动态是千姿百态的，不过，只要掌握重心平衡的原理，任何人体动态也会化难为简。

正面和3/4正面的人体动态是最常用的，如图2-2-1所示，实际上，在一个动态中，只有承受重力的腿、骨盆是不变的，胳膊、不承受重力的腿可以随意摆出各种动态。

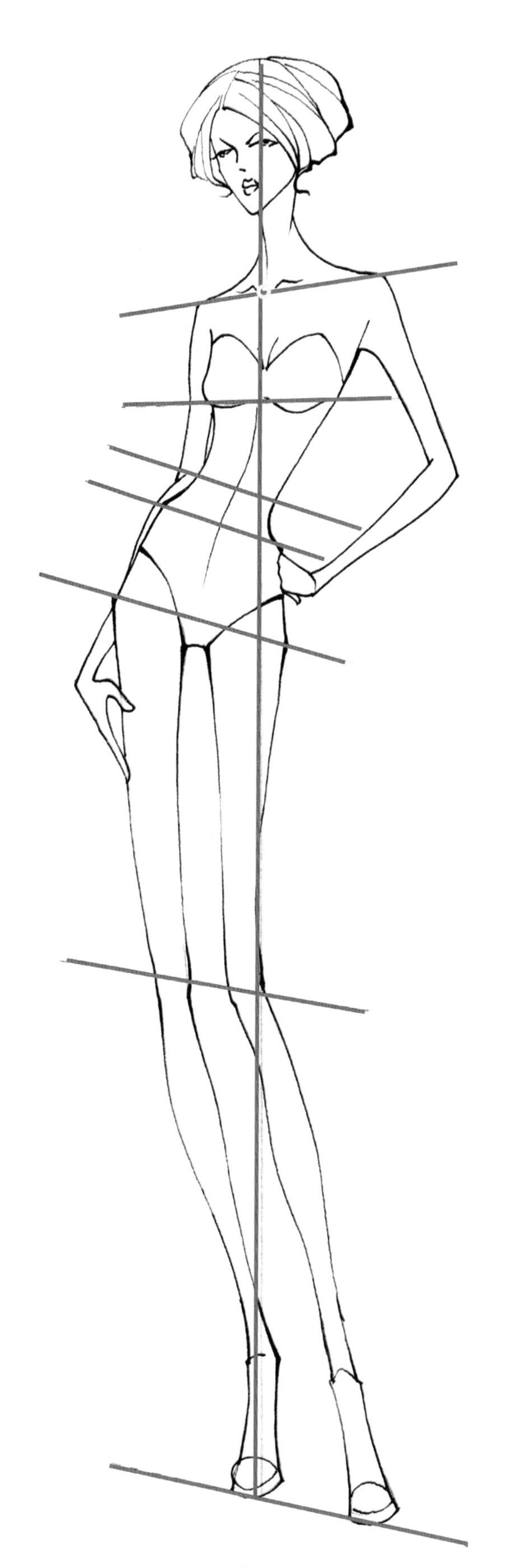

▲图2-1-2　不同角度人体重心平衡

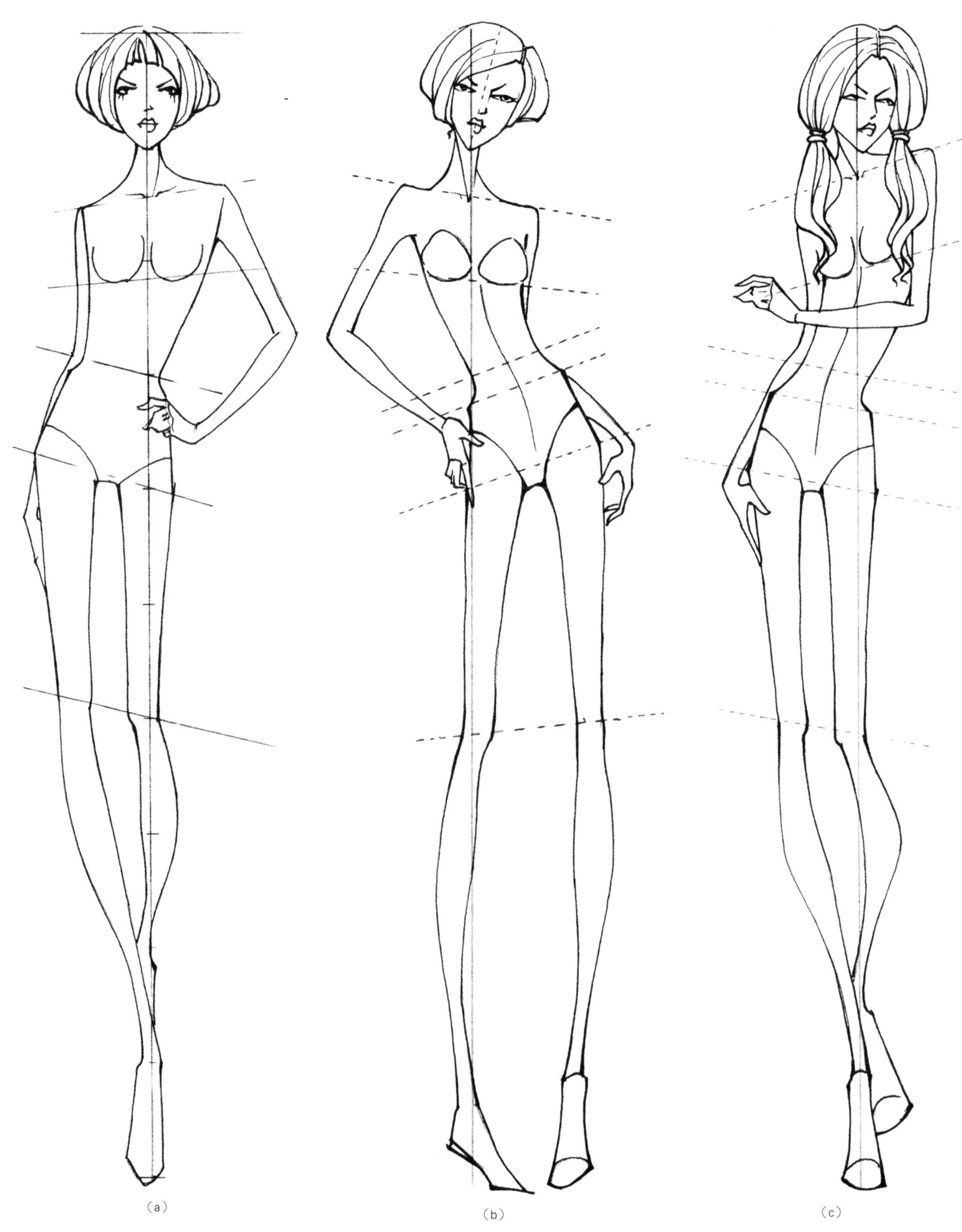

▲图2-2-1　正面和3/4正面的人体动态

▲图2-2-2　侧面

▲图2-2-3　背面

第三节 五官、头发、手、脚的绘画技巧

五官、头发、手、脚属于人体的细节，是体现绘画功力之处，也是确定人体绘画风格的关键。

一、五官

服装画中的五官通常是夸张的，如图2-3-1所示，尤其是眼睛，可在正常人体五官三庭五眼的基础上夸大和下移，眉毛大都是高挑的，眉头略粗；鼻子在五官的描绘中不是重点，将鼻梁、鼻翼的结构描绘出来即可，当然要描绘得小巧、恰到好处；嘴巴常以小为美，但要适度夸张，否则会比例失衡，嘴巴要饱满，尤其是下嘴唇，过于薄的嘴唇会让人觉得刻薄；耳朵也不是刻画的重点，画出耳朵的轮廓及简单的结构即可。

男性面部的外轮廓要突出骨感，较女性硬朗，五官的描绘风格可有多种，如动漫俊朗小生型，略带忧郁的大眼睛、高挺的鼻梁、消瘦的脸庞是其特点；硬汉型，小眼睛、宽脸庞、大嘴巴是其特点，如图2-3-2所示。

侧面五官的重点在额头、鼻梁、嘴巴、下巴的外轮廓线的描绘上。外轮廓呈圆弧形，翘起的鼻头是弧线的最高点，如图2-3-3所示。

仰头时面部要缩短，鼻梁也要缩短，头顶的面积缩小，如图2-3-4所示；低头时额头要拉长，头顶的面积变大，鼻梁也要拉长，下巴缩短，如图2-3-5所示。

(a) (b) (c)

▲图2-3-1 男女五官

（a） （b）

▲图2-3-2 男性五官

▲图2-3-3 侧面五官

▲图2-3-4 仰头时的五官

▲图2-3-5 低头时的五官

二、头发

描绘头发之前，先要塑造发型，包括外轮廓、发缕的走向、纹理等。头发是生长在浑圆的头部，发型也要饱满、自然，富有动感和弹性。外轮廓是描绘头发的第一步，接着是发缕的描绘，根据发缕的走向，在外轮廓的内侧画出几组有疏有密、有粗有细的发缕，在每组发缕里再添上几根细细的发丝以增强整体层次感，如图2-3-6所示。要注意的是，头发不要一根一根地画，否则画出的头发就像钢丝刷一样坚硬、不自然。

（a）（b）（c）（d）

▲图2-3-6　头发

三、手

画手先要掌握手的外廓形及手指、手掌的比例。手呈椭圆形，描绘时可以适当拉长手指的长度，显得纤细，男性的手可以较女性方正、粗壮，如图2-3-7至图2-3-9所示。

画手时，不必将五个手指都描绘出来，是可以省略画的，尤其是中指和无名指，只描绘出大形即可。

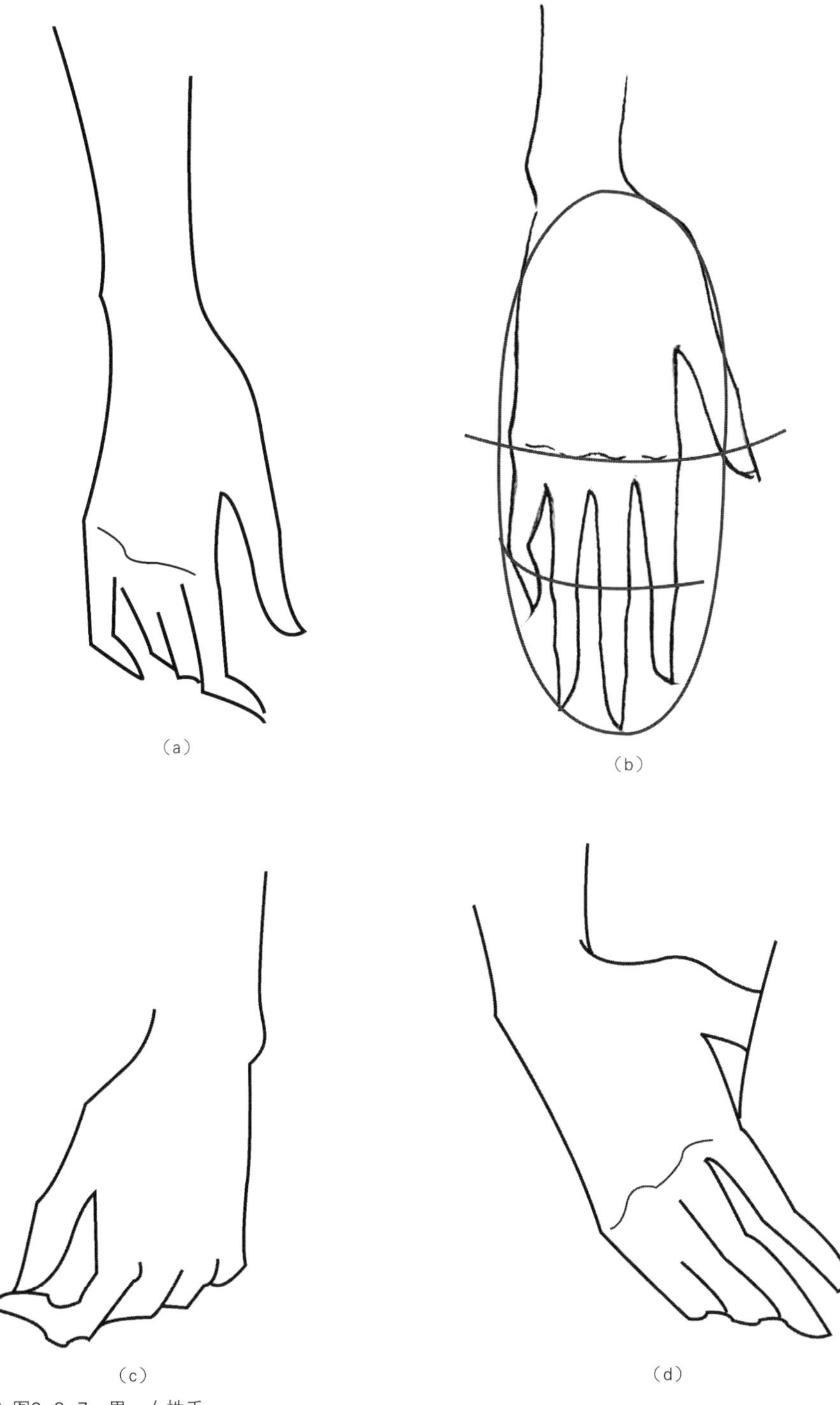

▲图2-3-7 男、女性手

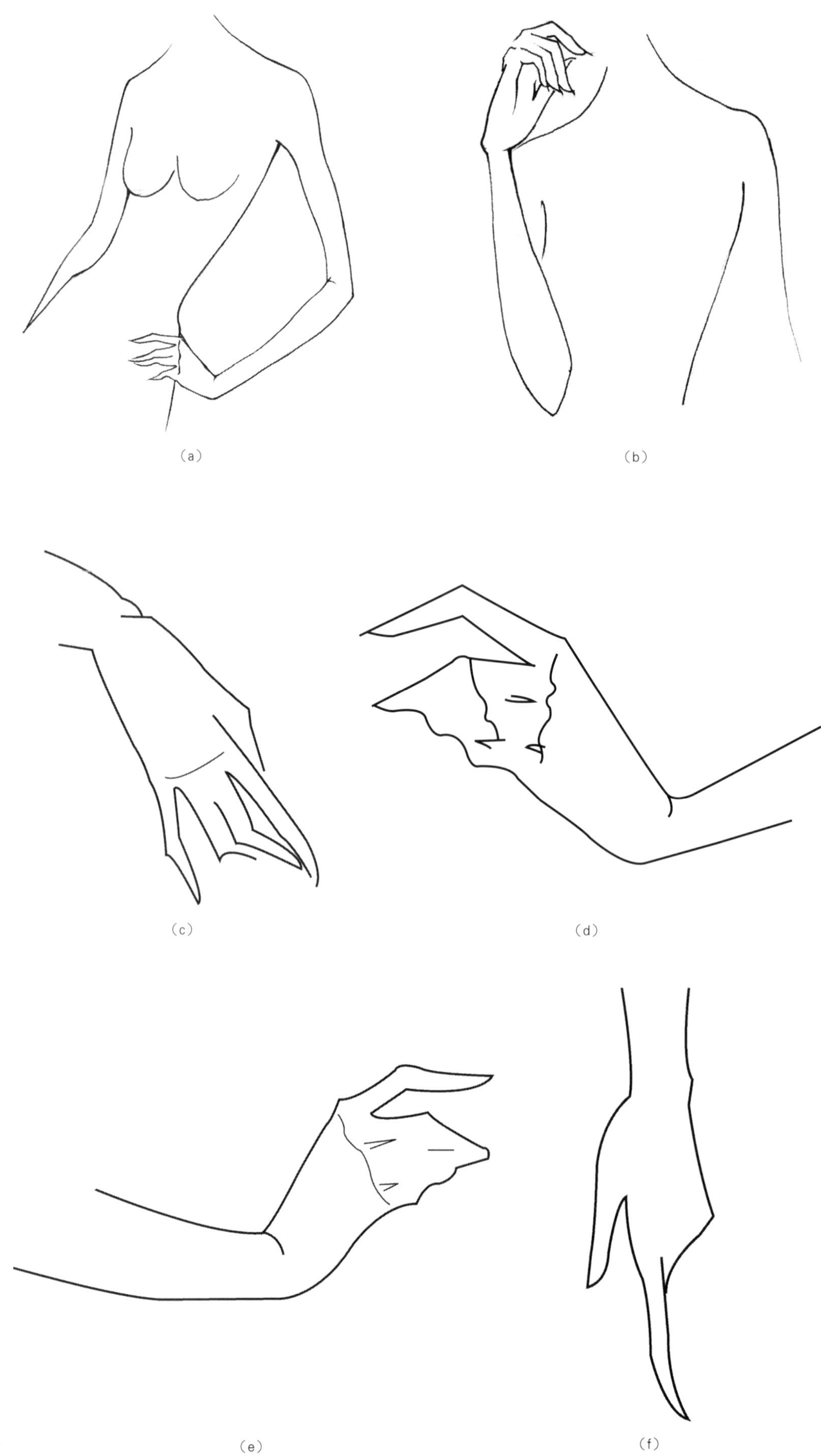

▶图2-3-8 女性手

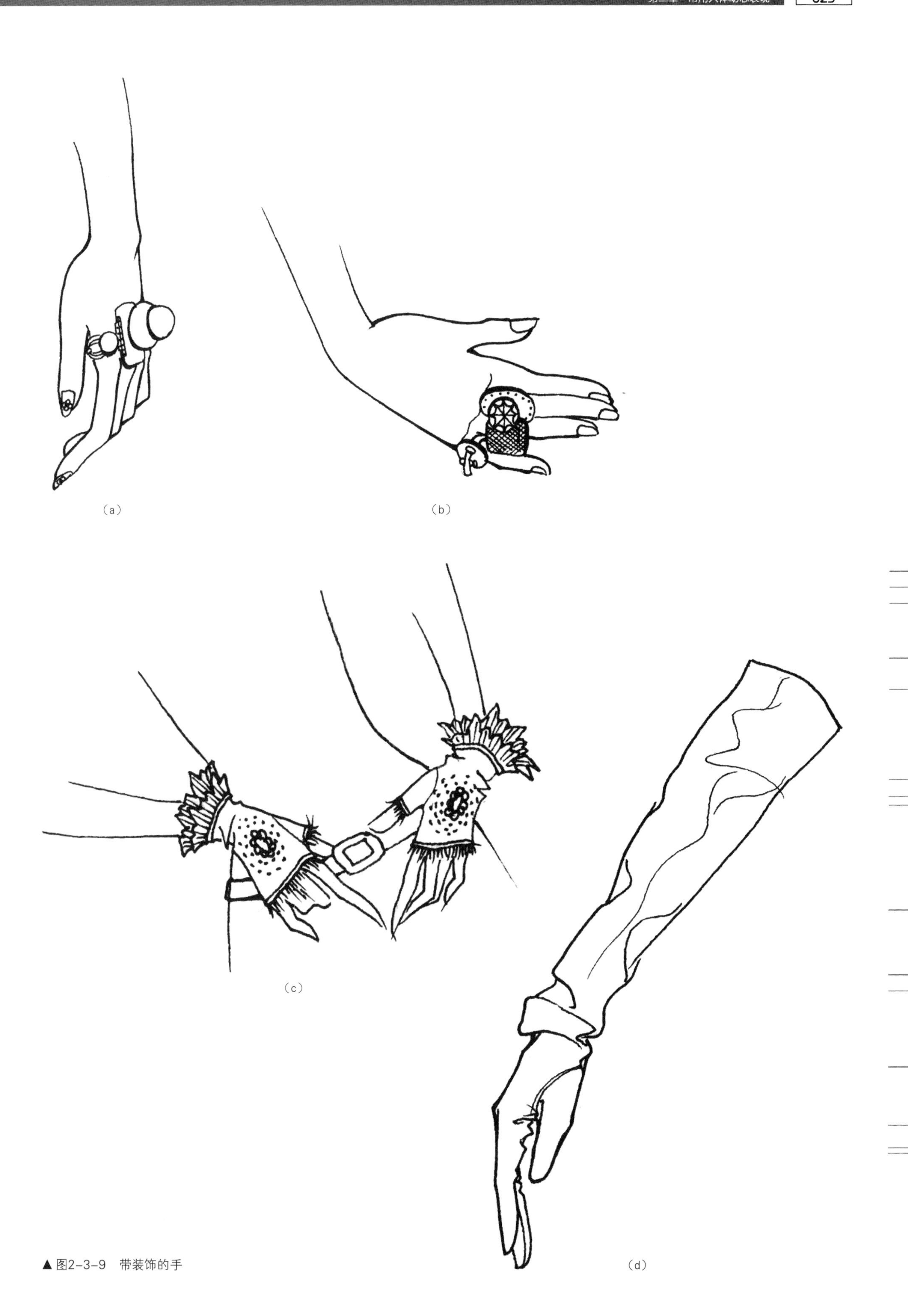

▲图2-3-9　带装饰的手

四、脚

在服装画中，最常用的是正面和侧面的脚，从正面看，脚呈前宽后窄的椭圆形；从侧面看，呈后高前低的三角形，如图2-3-10所示。

服装画中很少有光脚的，大多时是穿鞋的状态，在掌握脚部结构的基础上描绘鞋子就会容易许多。鞋子作为配饰是不容忽视的，一幅服装画配上设计感强的鞋子会增色不少。鞋子的种类风格有很多，从形态上大致可分为高跟和平跟两种，如图2-3-11所示。

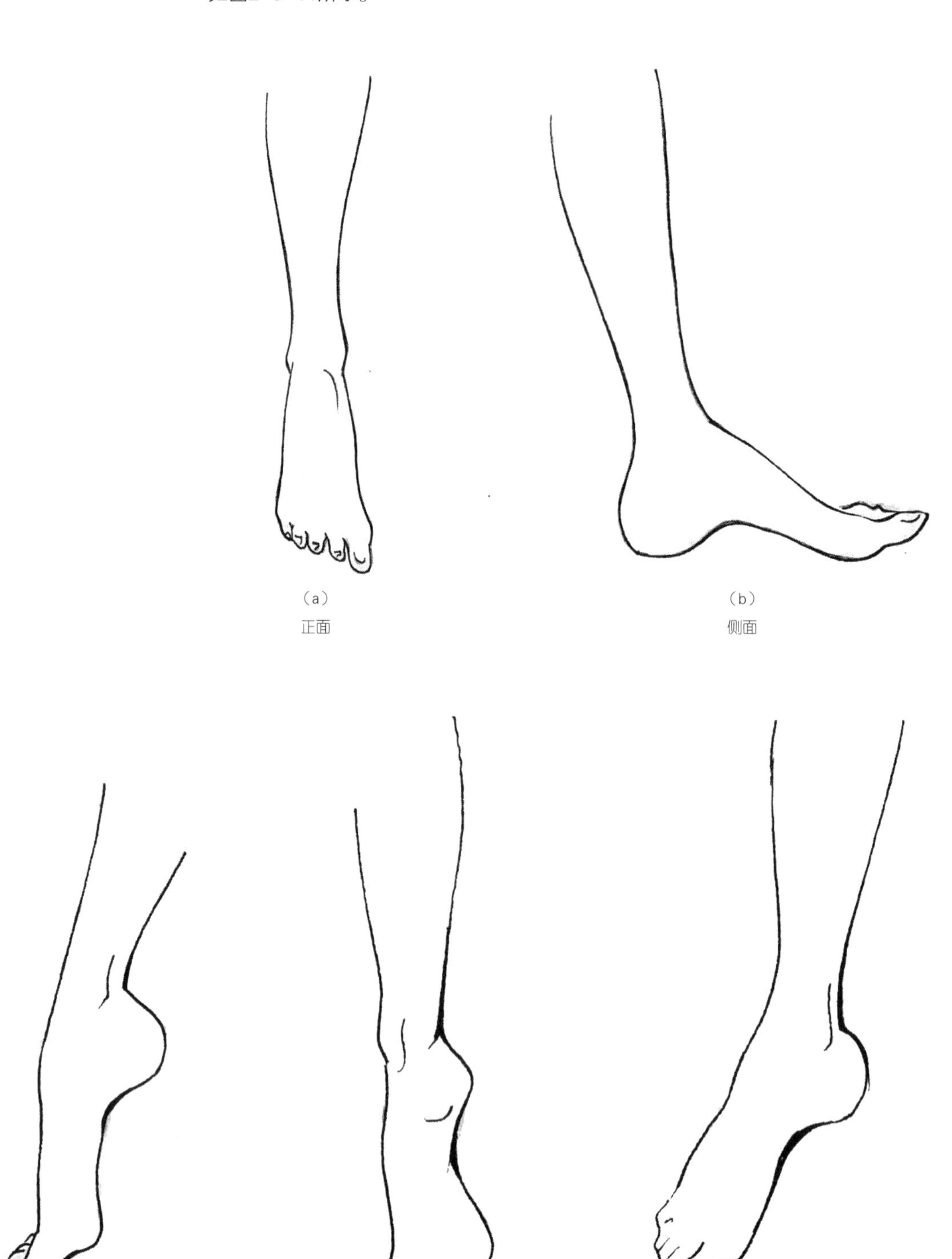

▶ 图2-3-10 脚

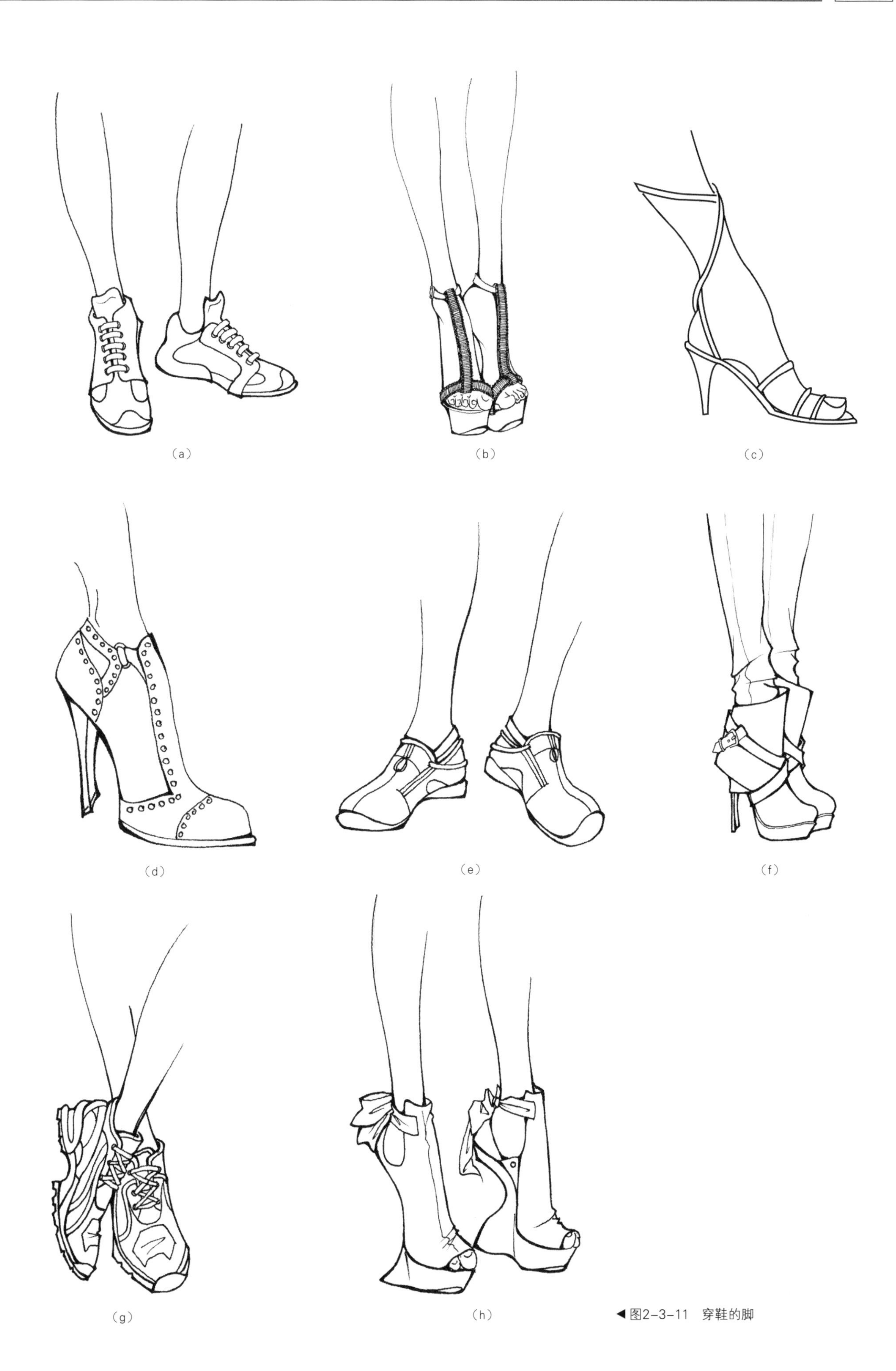

◀图2-3-11　穿鞋的脚

第四节　实战训练与案例分析

一、女人体动态表现

效果图中，女人体动态最常用的一是模特行走时的动态，二是模特展示服装时摆出的各种动作，对于工业效果图来说，不需要动作幅度大的人体动态，也不需要太夸张的绘画风格。正面、3/4侧面比较常用，在款式展示时，侧面和背面也会用到。头部可以有低头、歪头等变化，这样更显生动，如图2-4-1所示。

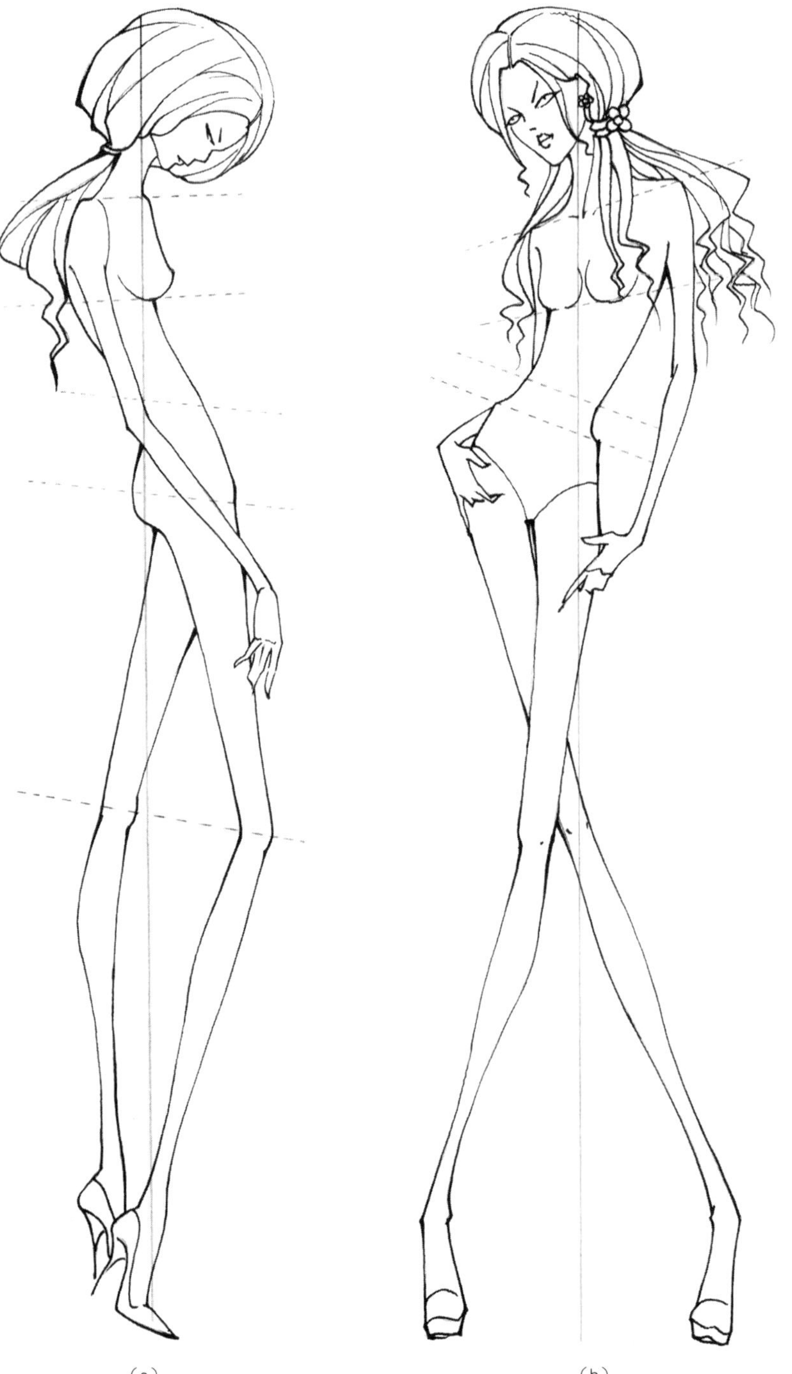

▶图2-4-1　女人体动态表现1　（a）　（b）

女性人体肩宽约为两头宽，肩宽约等于臀宽，腰宽略大于一头宽；脚长等于或略大于一头长，呈小X型，如图2-4-2所示。

在描绘人体时，不要用短线条画，而要用流畅的长线条描绘，而且线条要有轻重缓急的变化，落笔处、转折处、需要强调的地方下笔要重，然后笔微抬轻轻过渡到线条的终点，快到终点时，落笔要重，如图2-4-3所示。

如图2-4-4所示，这个动态适合展示袖子、袖窿处变化大的款式。

如图2-4-5（a）所示，四分之三侧面的人体动态是模特展示服装时常用的动态；

如图2-4-5（b）所示，侧面人体动态略微夸张，适合展示背部空间感设计较强的服装，凸显人体曲线。

如图2-4-6所示，这个动态适合展示裤子裤身、裤口、裆部有设计的款式。

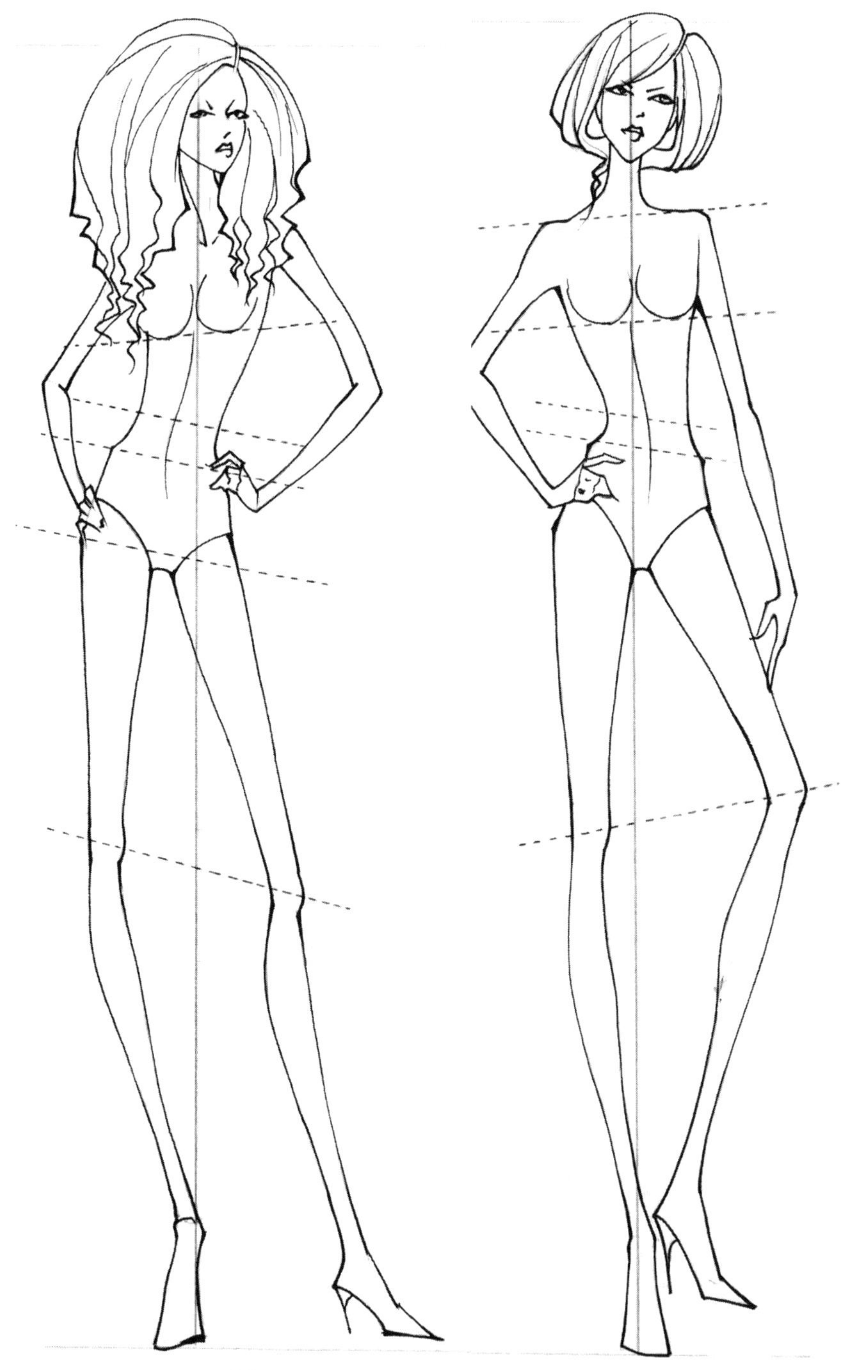

◀图2-4-2 女性人体呈小X型

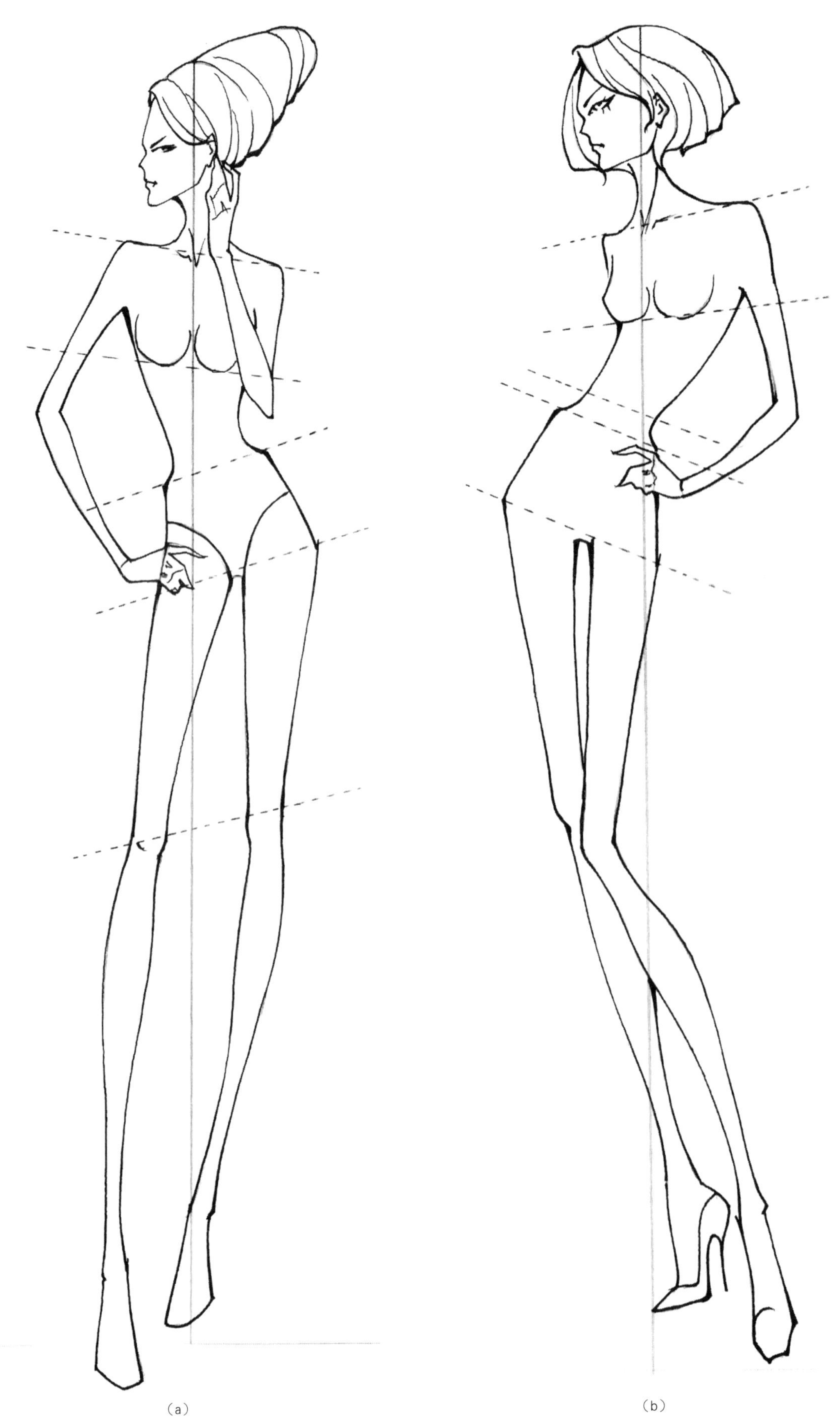

▲图2-4-3　描绘人体时，线条的表现

▲图2-4-4　女人体动态表现2

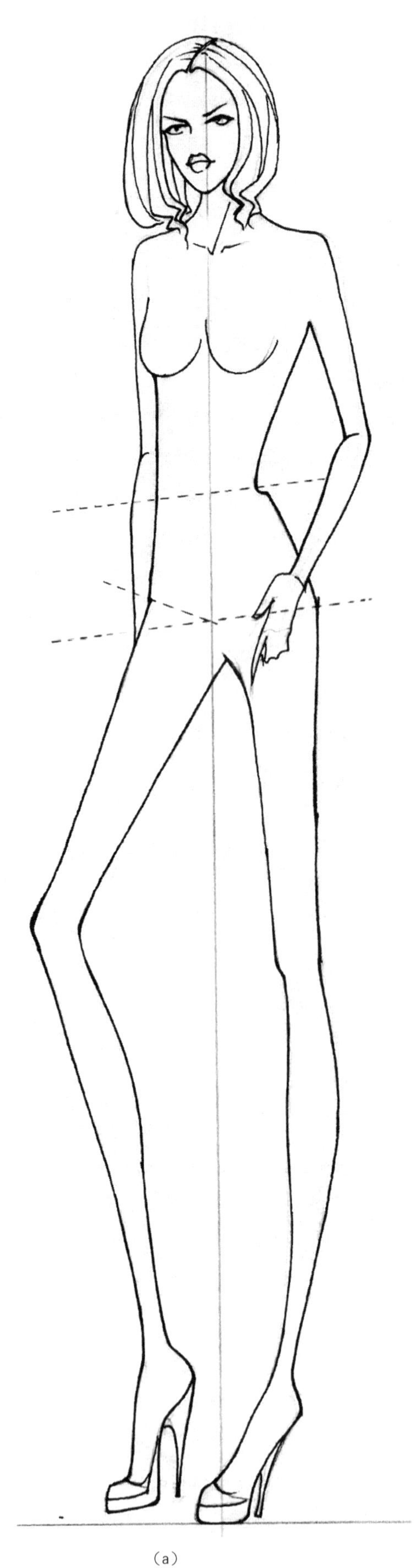

（a）

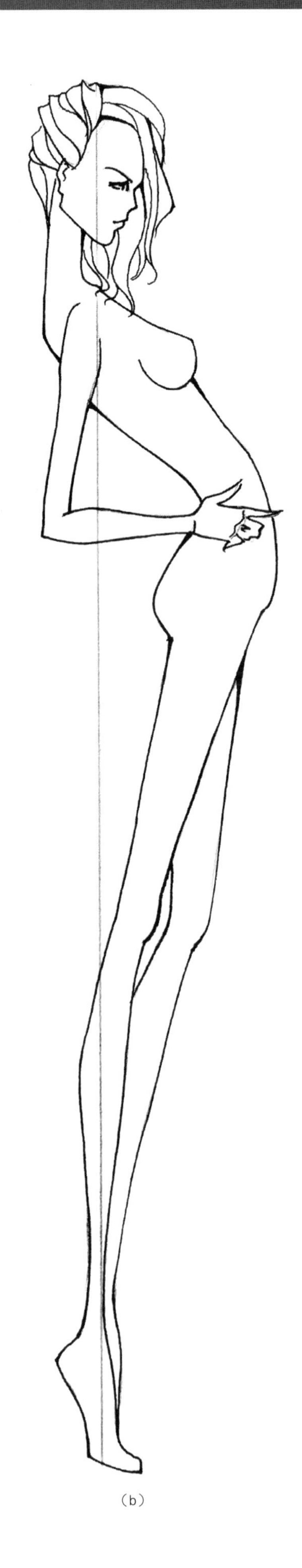

（b）

▲图2-4-5 女人体动态表现3

（a）

（b）

▲图2-4-6　女人体动态表现4

二、男人体动态表现

男人体与女人体相比要粗壮一些，但不要太过，现在，男装流行的是柔和的曲线条，而不是过去方方正正的直线条，所以，人体的描绘也要适当的刚柔结合。男人体的肩宽约等于两头长，腰宽约为一头长，臀宽略大于腰宽，呈倒梯形，如图2-4-7所示。

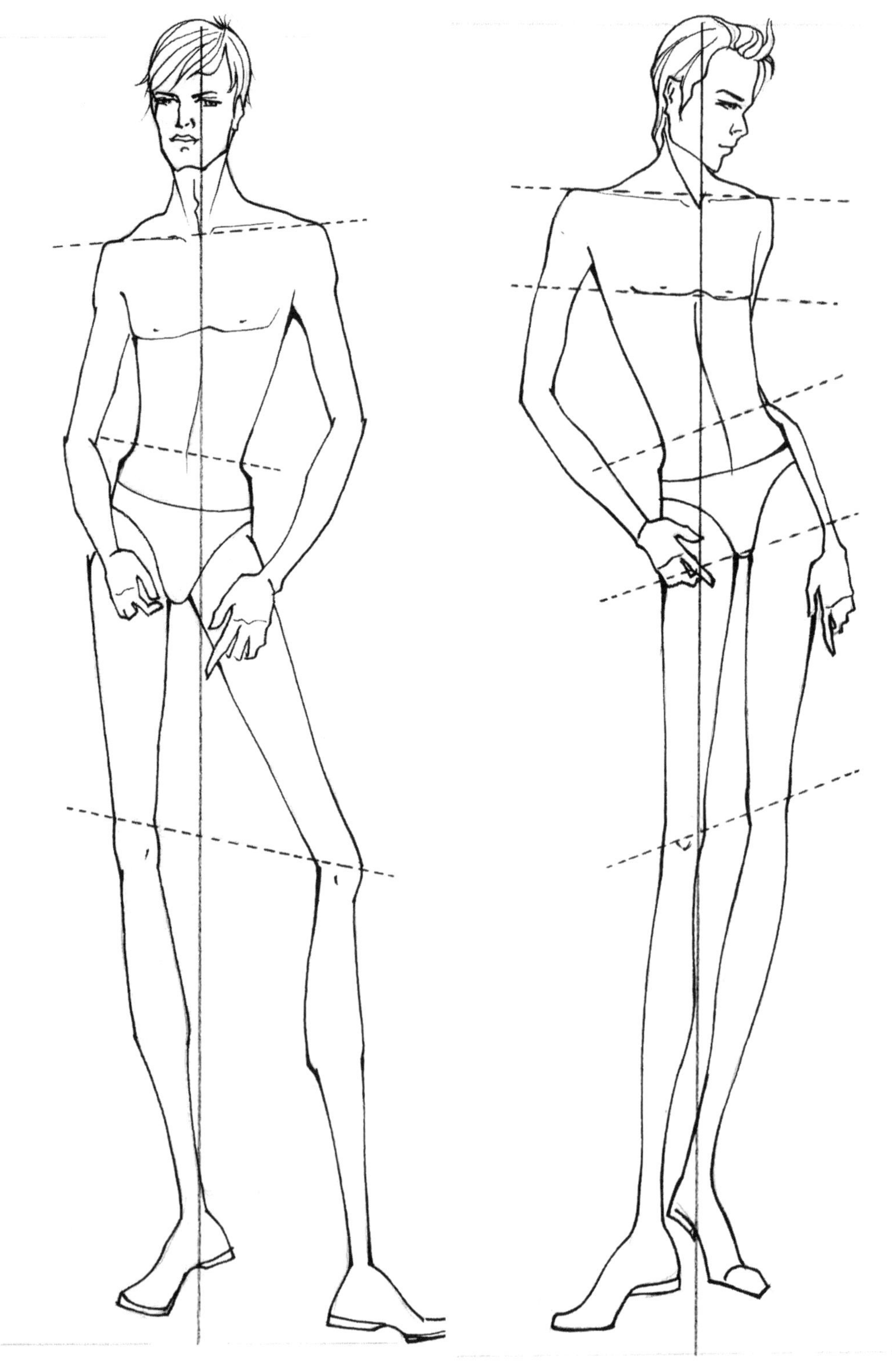

▲图2-4-7 男人体动态表现1 （a） （b）

男模在走台时很少有抹腰的动作，一般是将手放在裤腰或裤口袋的位置，如图2-4-8所示。

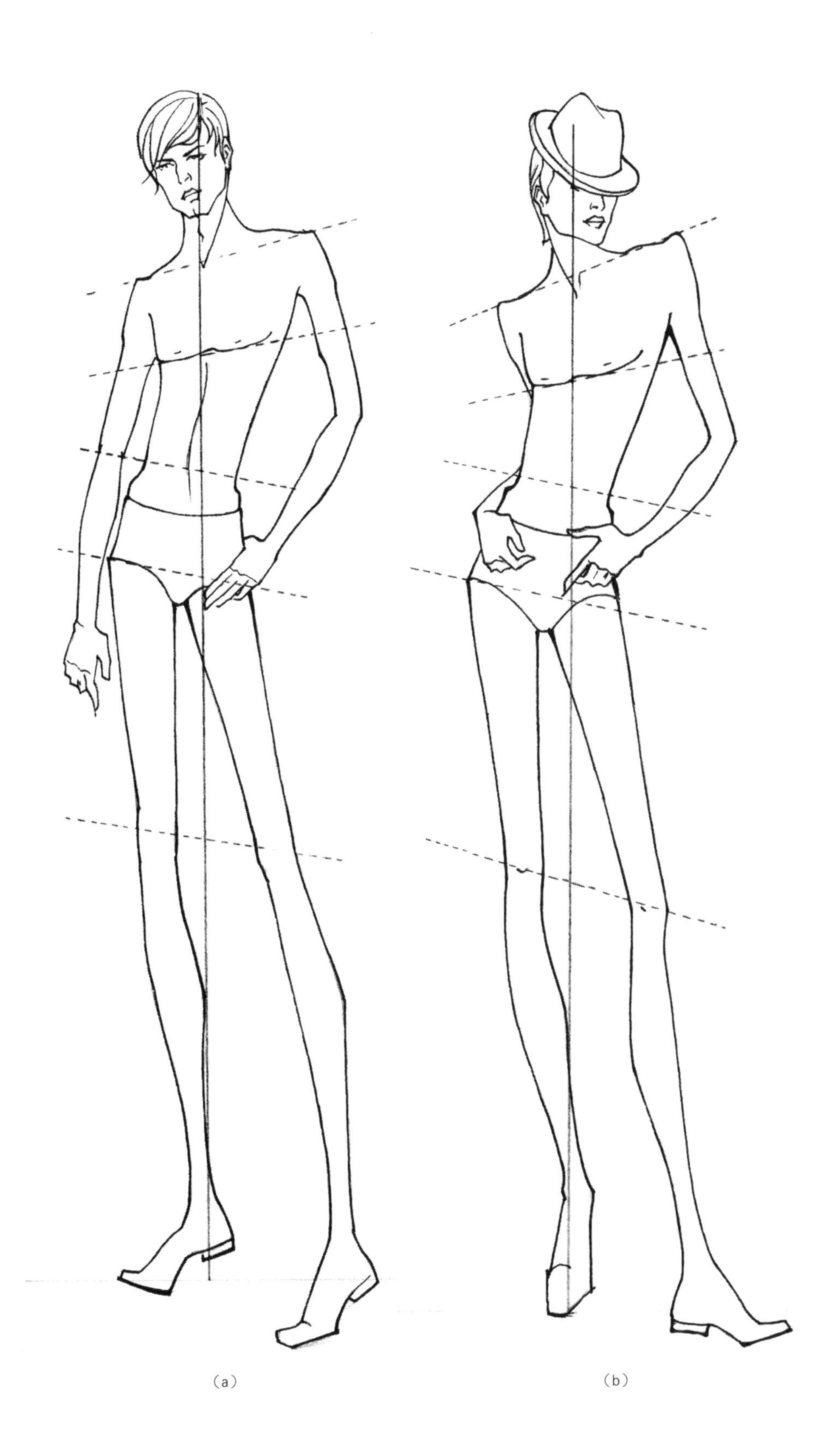

（a）　（b）

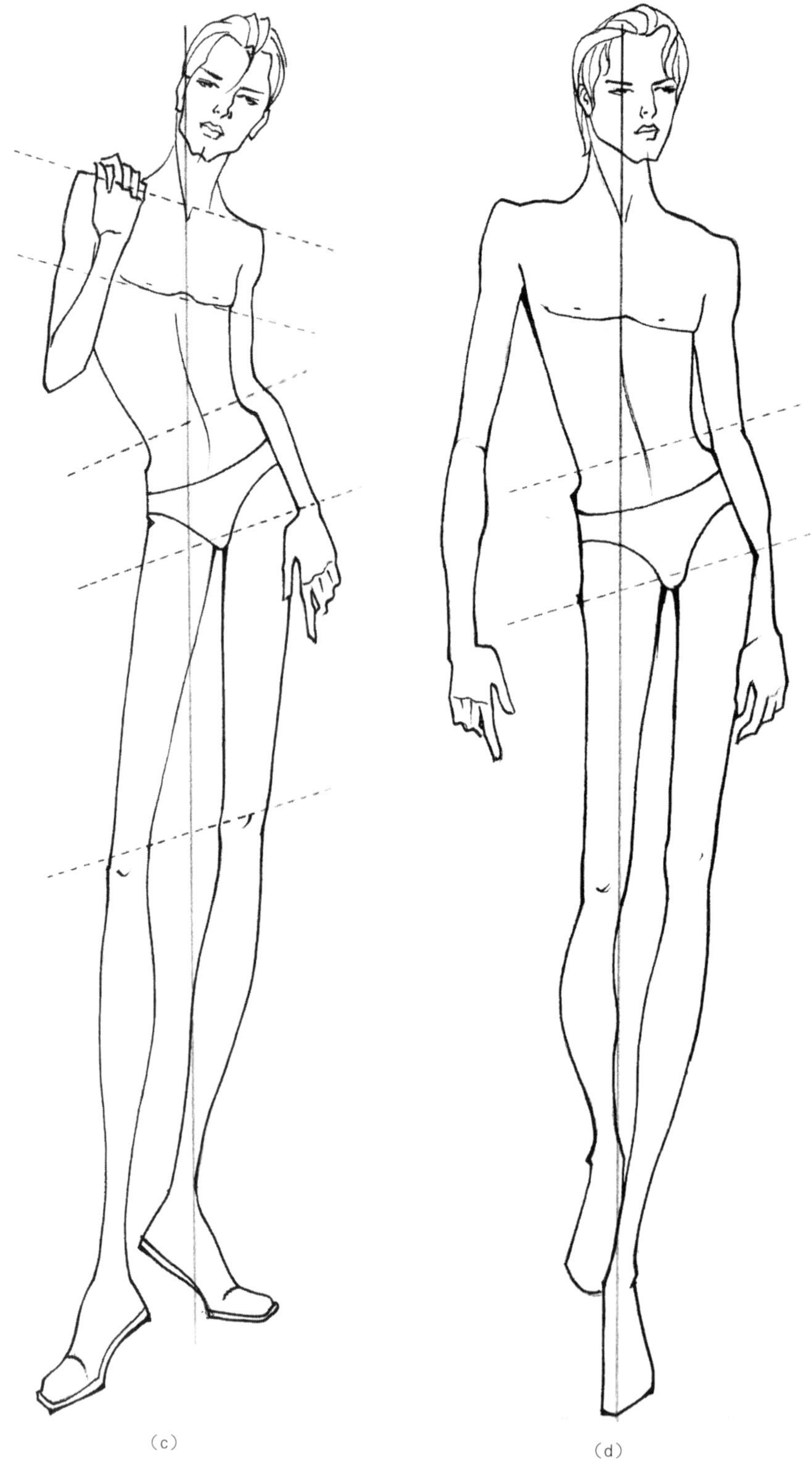

▲图2-4-8　男人体动态表现2

三、儿童体动态表现

儿童期是指2~12岁的幼童、幼儿、少儿，这时期儿童体态的变化非常大，13~17岁进入青少年期，体型基本定型，接近成年人。儿童期人体动态的描绘仍以头高划分，2~3岁的幼童一般为4头高，4~6岁的幼儿一般为5头高，7~12岁的少儿一般为7头高。儿童给人的印象是憨态可掬，小模特在走台时也会模仿成人的一些动作，可爱又不做作。儿童五官的描绘有很多表达形式，可以是夸张的胖嘟嘟的脸，大大的眼睛，小小的嘴；也可以是小眼睛大嘴巴丑娃的形象。

如图2-4-9所示，这组模特描绘的是3岁左右的幼童，这个时期的孩子没有腰臀差的变化，基本呈桶状，无男女差异。四肢要描绘得短短的、胖胖的。

幼童的五官集中在二分之一头长以下，五官的描绘可写实，可抽象，比如用两个小圆点表现眼睛。整个面部要圆圆的，尤其是腮部，将幼童可爱、胖胖的样子描绘出来如图2-4-10所示。

如图2-4-11所示这组模特是6岁左右的儿童，这一时期的孩子稚气中略带一点点的小成熟，是小孩子独有的酷劲儿，体型上稍微有了腰臀差，男女的差异不大，四肢变长，但不要画的太纤细。

如图2-4-12所示这组模特是10岁左右的少儿，这一时期的孩子比较喜欢模仿成人的一些动作，动态可描绘得成熟些，体型上腰臀差会更加明显，男女间开始有体型上的差异。

(a)

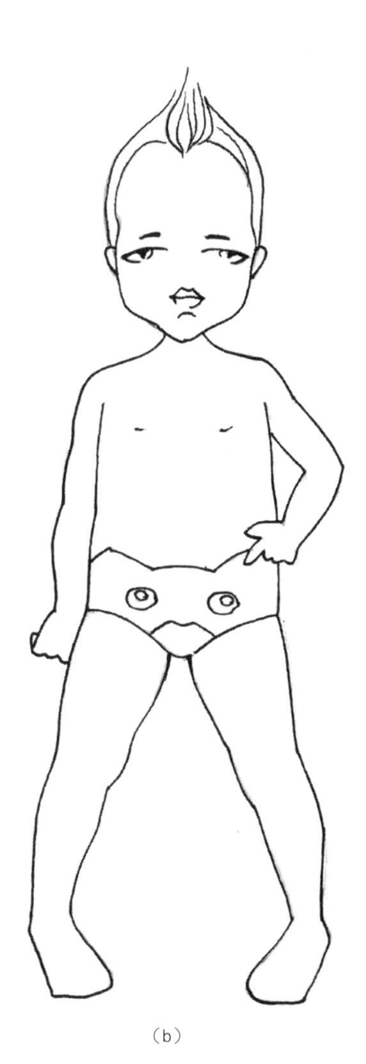

(b)

▲图2-4-9　3岁左右的幼童体态

(a)

(b)

(c)

(d)

▶图2-4-10 幼童的五官

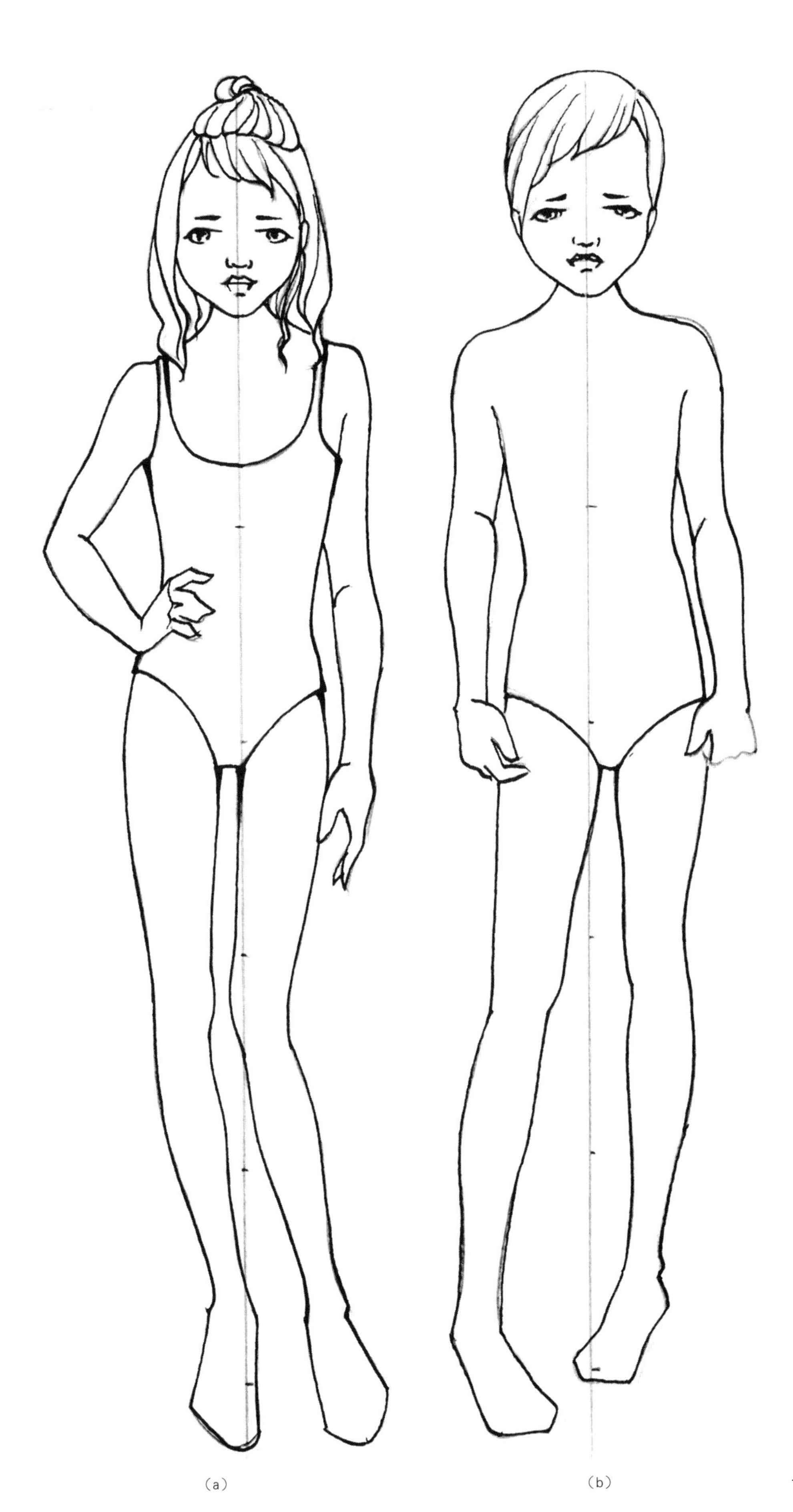

（a）　（b）

◀图2-4-11　6岁左右的儿童体态

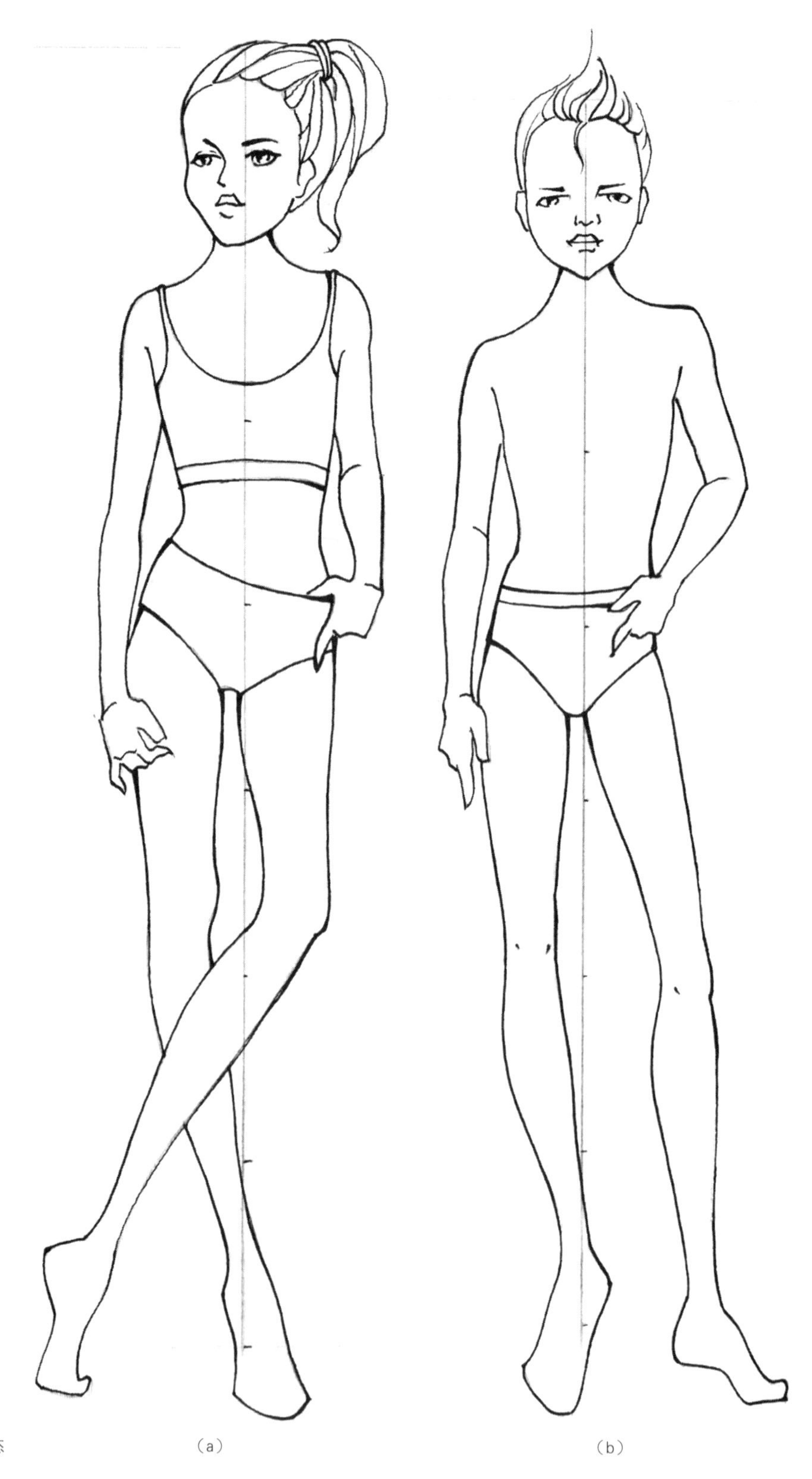

▶图2-4-12 10岁左右少儿体态 （a） （b）

思考与练习题

1. 练习不同角度的男、女、童人体动态绘制。
2. 练习绘制不同角度的五官、手、脚。

第三章

服装工业用图表现

这一章主要讲述服装本身，包括服装款式分类、款式绘画、工艺解剖、细节描绘等。服装平面款式图的绘画是这一章的重点，除此之外，服装细节图和工艺解剖图也要掌握，这两类图示是和服装的结构与制作工艺联系在一起的，有利于加强学生对服装全面的认识。

第一节　服装款式绘画

一、服装款式分类

服装的款式分类方法有很多种，从绘画的角度，通常按服装的品种来分类，如上装类的衬衫、夹克、西装、棉衣、风衣、针织衫等；下装类的长裤、短裤、长裙、短裙；连衣装类的大衣、连衣裤、连衣裙等。具体描绘时，还可以根据款式特点进行详细分类，如喇叭裙、阔腿裤、花苞裙等。

二、平面款式图的表现技法

服装平面款式图表现的是静态的服装款式，包括服装的外廓形、内结构、细节。在绘制款式图时首先要勾勒出款式的外廓形，在外廓形中就包含了很多的信息，如款式的长度、胸腰摆围度、领宽、肩宽、袖长等要素，所以外廓形是将诸多要素概括之后的综合表达。由此来讲，外廓形的描绘是各要素间比例的描绘。接着便是细节的描绘，细节包括结构、部件、线迹、装饰等，描绘时既要考虑美感，又要考虑工艺结构的合理性，比如拉链和衣片的衔接、压明线的位置等。从款式的整体性考虑，描绘时要注意线条的轻重，一般外廓形的线条要重一些，内结构、细节的线条要轻一些。

（一）上装

1. 衬衫类

衬衫的标志性元素有带或不带领座的关门领、胸前贴袋、开袖叉、袖克夫、过肩、圆摆或直摆等，设计时可在这些元素的基础上做各种变化。描绘款式图不必过于拘谨，可适当加一些衣纹、褶皱，这样更自然些。或是把款式穿着的一种方式描绘出来，比如穿着休闲衬衫时，袖子可以挽起来、领子不必全部系合，还可以将领子竖起来、腰间扎腰带等。男衬衫结构的变化较小，多数是部件或细部的变化；女衬衫设计变化相对要丰富许多，结构、细节、部件等都可进行变化，如图3-1-1所示。

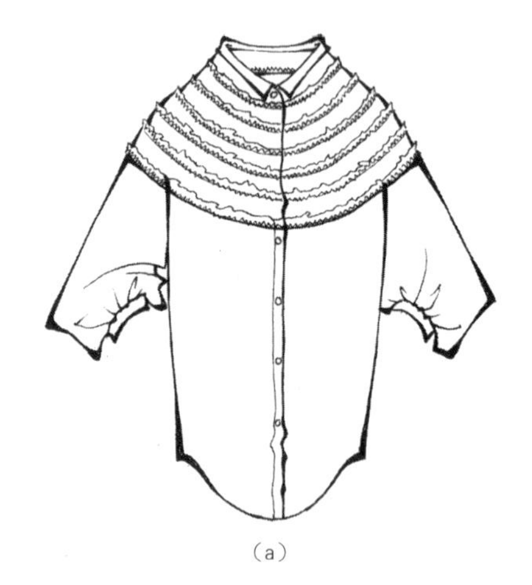

(a)

(b)

(c)

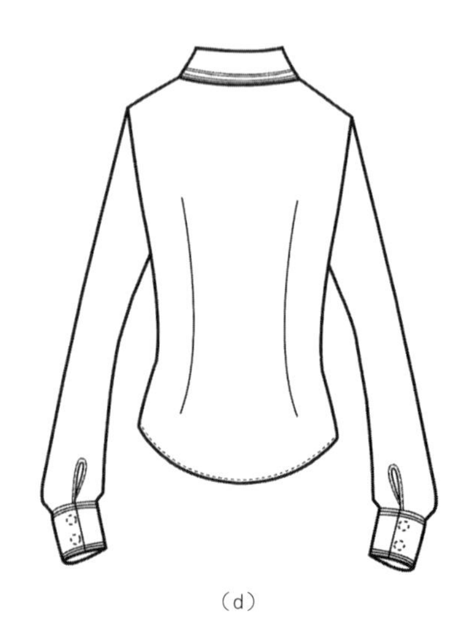

(d)

▲图3-1-1　女士衬衫变化1

男式衬衫外廓形变化并不大，以直筒型（H型）和腰间微收的适体型为主，描绘时可将领扣、袖克夫口自然打开，在衣身、袖身适当加入衣褶，这样描绘的款式图不会很呆板，如图3-1-2所示。

衬衫裙是现在比较流行的款式，将衬衫的衣长拉长，再加入适合做裙子的设计元素，便成了时尚的衬衫裙，如图3-1-3所示。

（a） （b） （c）

（d） （e） （f）

▲图3-1-2 男士衬衫

（a） （b）

◀图3-1-3 女式衬衫裙

（a）

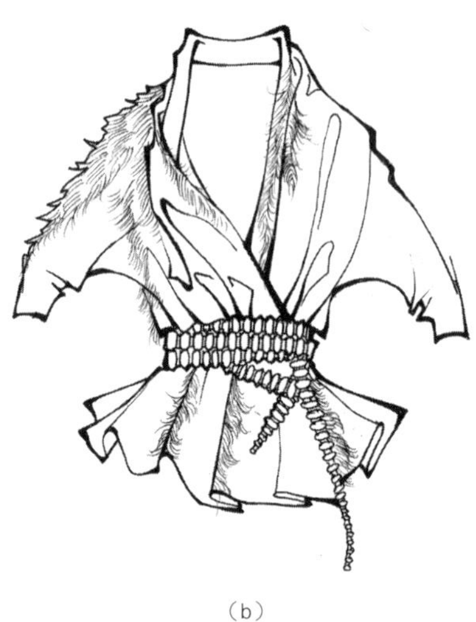

（b）

▲图3-1-4 收腰夸摆外套

2. 外套类

外套的范围是很宽泛的，款式的种类也很多，如西装类外套、夹克类外套、运动类外套等，款式的常用元素不能一概而论。

如图3-1-4所示，这类外套具有浓郁的女性韵味，收紧的腰部，夸张的摆围是此类款式外廓形的主要特点，描绘时要注意观察摆围与肩宽、腰围的比例，以及摆围的松量出现的波浪衣褶。

如图3-1-5所示，夹克类外套多数会在袖口、领、底摆处做拼接、收紧处理，收紧的袖口、领、底摆一般会用罗纹和松紧带制作，罗纹有很强的表面肌理，所以在描绘时要将罗纹的纹理画出。拉链在夹克类外套中运用得也很多，画拉链不能简单地用Z字形锯齿描绘，要结合拉链与衣片缝合的制作工艺完整的描绘。夹克类外套常用的元素有收紧的袖口、底摆、育克、拉链、金属扣等。

西装类外套最典型的元素莫过于西装领，西装领由驳头、串口线、翻领组成，驳头的宽窄、大小、形状、串口线的高低、翻领的大小形状等都是西装领的变化要素，如图3-1-6所示。

3. 棉衣类

棉衣通常会在面料与里料之间夹棉或羽绒，增强保暖性的同时，也增加了棉衣外观的厚重感。为了固定填充物，增强外观美感，棉衣尤其是羽绒服会在衣身袖身缝制明线，这样服装表面会呈现一节节的莲藕式外观，有较强的立体感，棉衣外观出现的衣褶大都短小细碎，这也是描绘棉衣的重点所在，如图3-1-7所示。

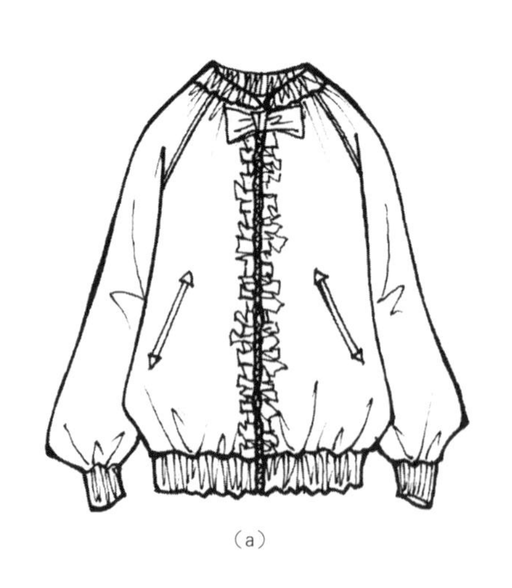

（a）

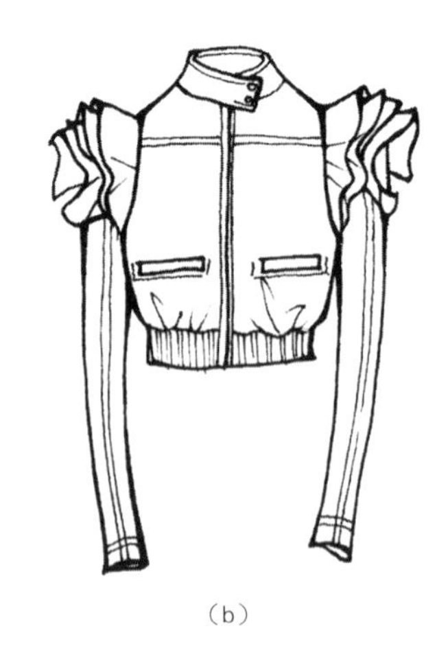

（b）

（c）

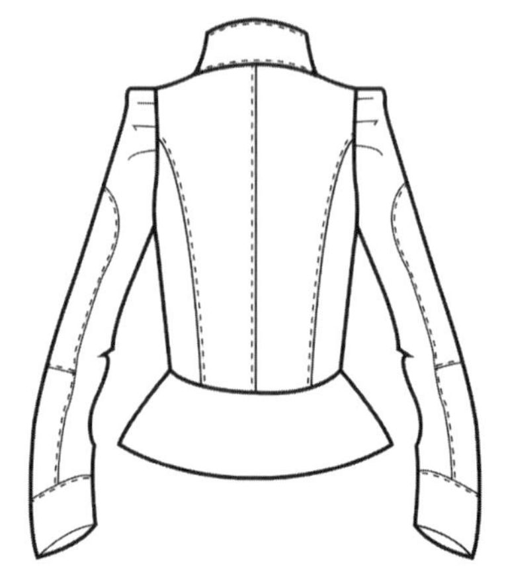

（d）

▶图3-1-5 夹克类外套

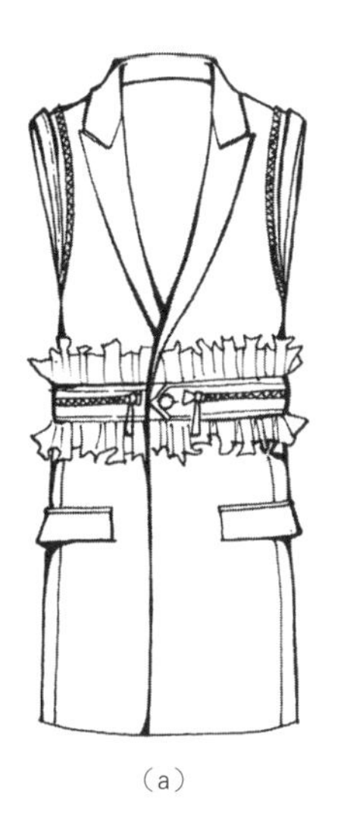

（a）

（b）

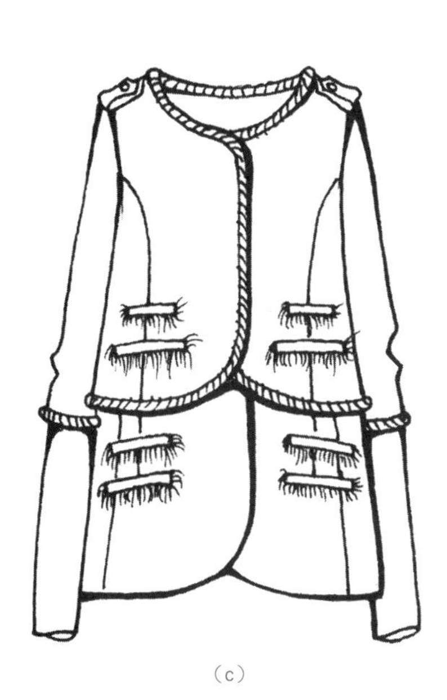

（c）

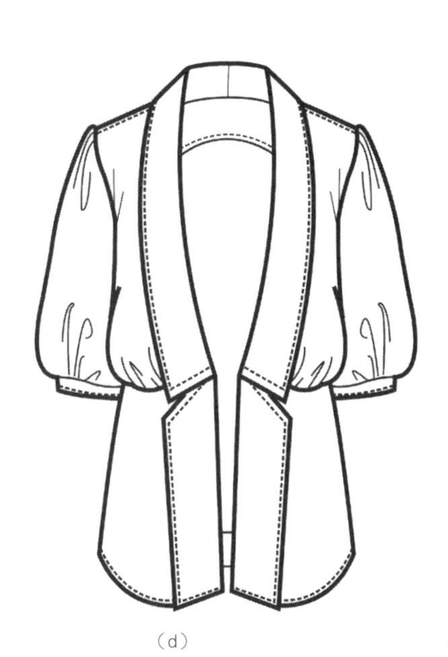

（d）

◀图3-1-6　女式外套

（a）

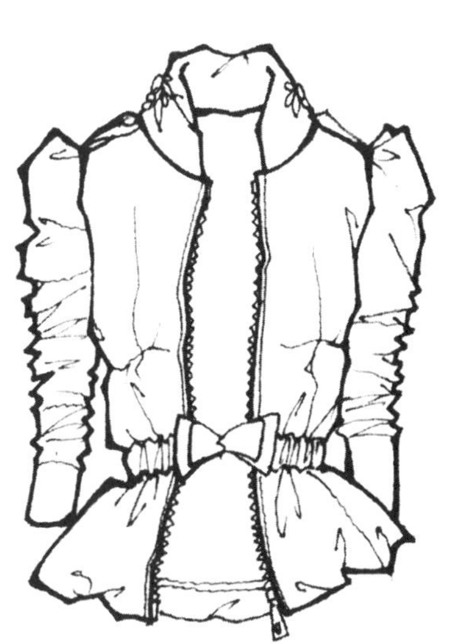

（b）

◀图3-1-7　棉服

4. 毛衫类

这里的针织衫指的是纬编毛织物，这类织物的特点是表面会形成凸凹感很强的纹理或图案，描绘时要运用线条的轻重粗细将纹理或图案的凹凸感表达出来，如图3-1-8所示。

随着科技的进步，毛衫的变化越来越多，针织梭织拼接设计、针法变化、结构的不规则设计、撞色设计等都是当前毛衫的设计要素，如图3-1-9，图3-1-10所示。

▲图3-1-8 毛衫1

（c）

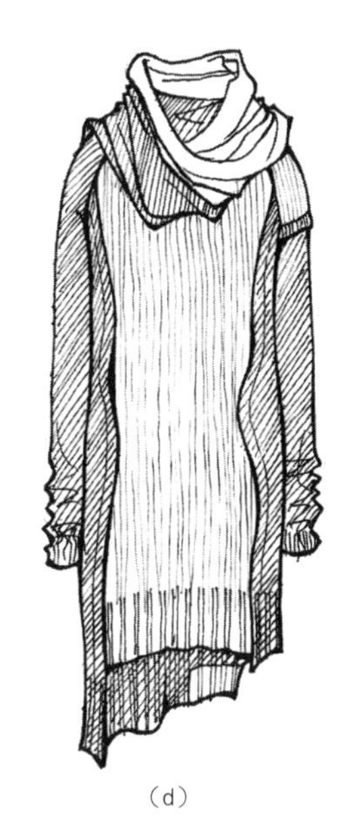
（d）

◀图3-1-9　毛衫2

（a）

（b）

（c）

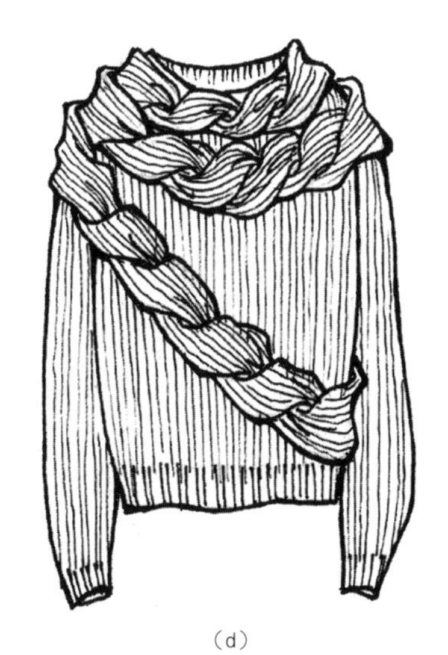
（d）

◀图3-1-10　毛衫3

5. T恤类

T恤类、文化衫类款式通常会用经编织物制作，有较好的弹性，领、袖、底摆经常会用凸凹感强的罗纹，前胸、后背等会有图案装饰，图案的描绘可手绘、可借助电脑软件绘制，如图3-1-11所示。

借助电脑绘图软件Adobe Photoshop和Adobe Illustrator来完成T恤衫图案的描绘是比较快捷的，软件丰富的画笔与编辑功能还会带来意想不到的设计效果，如图3-1-12所示。

(a) (b) (c) (d)

(e) (f) (g) (h)

(i) (j) (k) (l)

▲图3-1-11　T恤1

▲图3-1-12　T恤2

（二）下装

1. 裤类

裤子由裤腰、裤裆、裤腿组成，根据外观的不同可分为铅笔裤、阔腿裤、喇叭裤、哈伦裤、筒裤、裙裤、短裤等。描绘时要掌握好裤腰臀围、裤身、裤腿间的比例，不同的裤型就是在这三部分数值之间相互转换的，如图3-1-13所示。

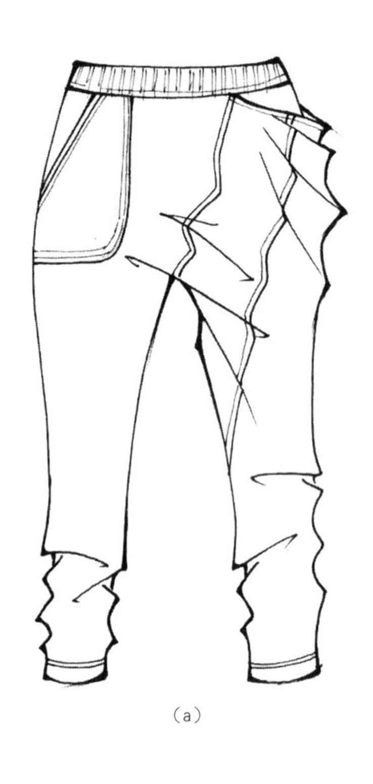

(a)

(b)

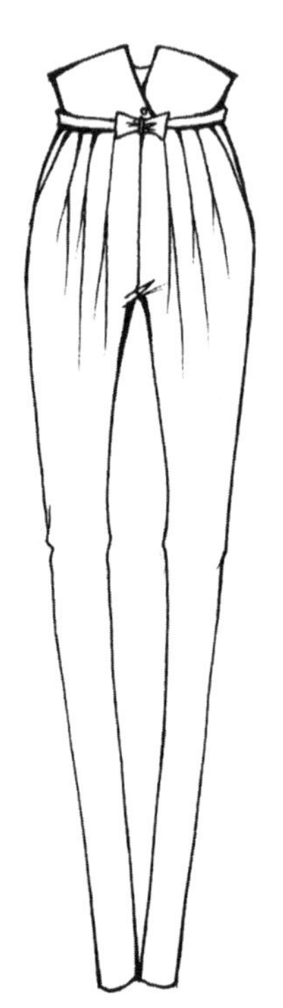

(c)

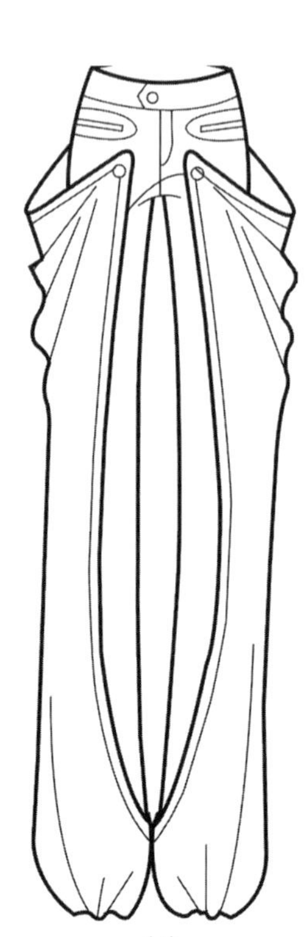

(d)

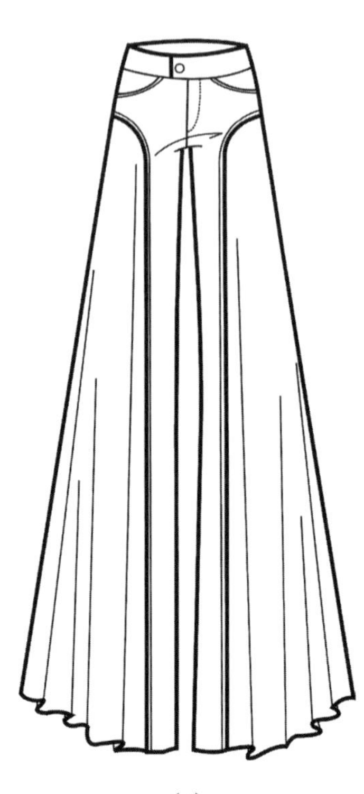

(e)

▶图3-1-13 裤子

在绘制牛仔裤时要注意将牛仔裤的特点描绘出来，比如随意、破旧感，破洞以及自然下垂的纱线，补丁、随意卡缉的明线等，描绘时注意线条的层次感，轻重、长短交错勾勒如图3-1-14所示。

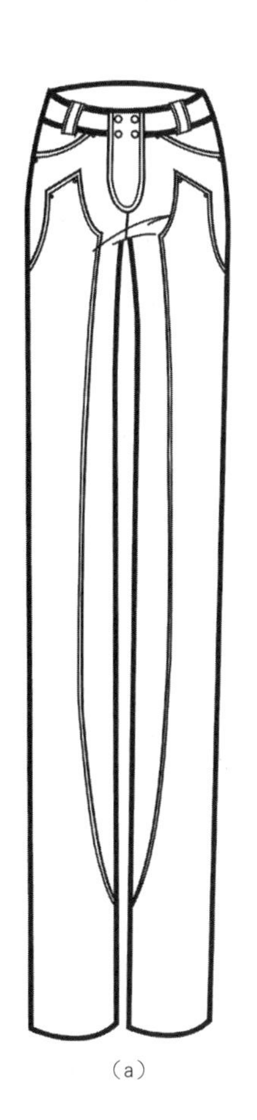

（a）

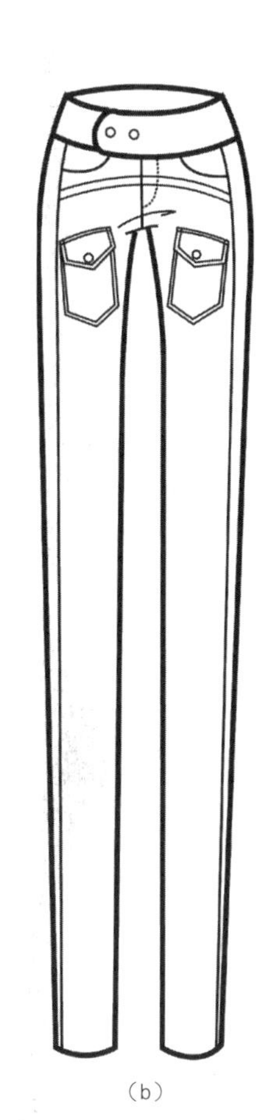

（b）

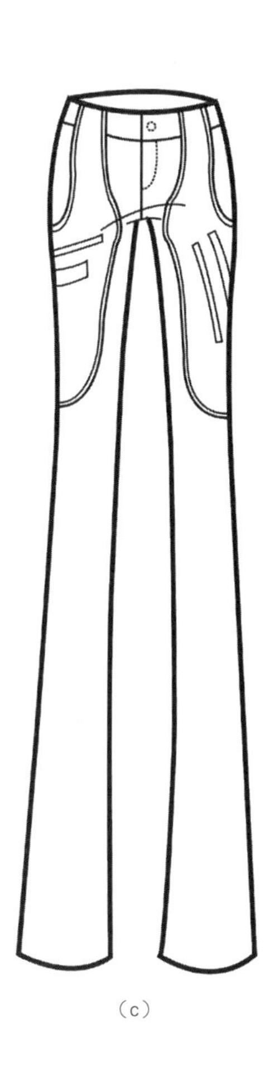

（c）

（d）

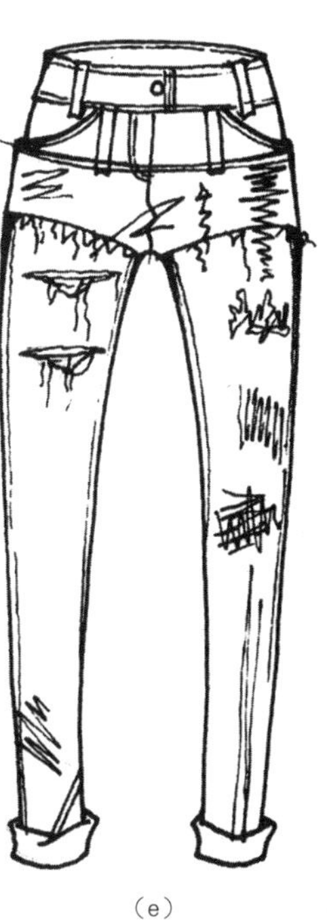

（e）

◀图3-1-14 牛仔裤

2. 裙类

下装的裙子指的是各种样式的半裙，如喇叭裙、圆台裙、花苞裙、铅笔裙、蛋糕裙等，裙子的名字形象地概括了裙子的廓形和特征，先勾勒出裙子的外廓形，再描绘细节，在裙类款式中会出现荷叶边、花边元素，先要画出花边的外边缘，不要平均描绘外边缘每组褶皱的大小，其大小、宽窄要错落有致，要有层次感，然后再描绘褶皱的线条，如图3-1-15所示。

▲图3-1-15 半裙

（三）连衣装

1. 大衣类

大衣类是指长度在臀围以下的风衣或大衣外套，此类服装款式变化较大，没有固定的设计元素，如图3-1-16所示。

2. 连衣裤类

连衣裤是上衣与裤子连在一起的款式，如背带裤，连衣裤也是近几年较为流行的款式，如图3-1-17所示。

3. 连衣裙类

连衣裙是上衣与半裙连在一起的款式，款式变化多，风格也是多种多样，描绘时要依具体样式而定，如图3-1-18所示。

◀图3-1-16 大衣

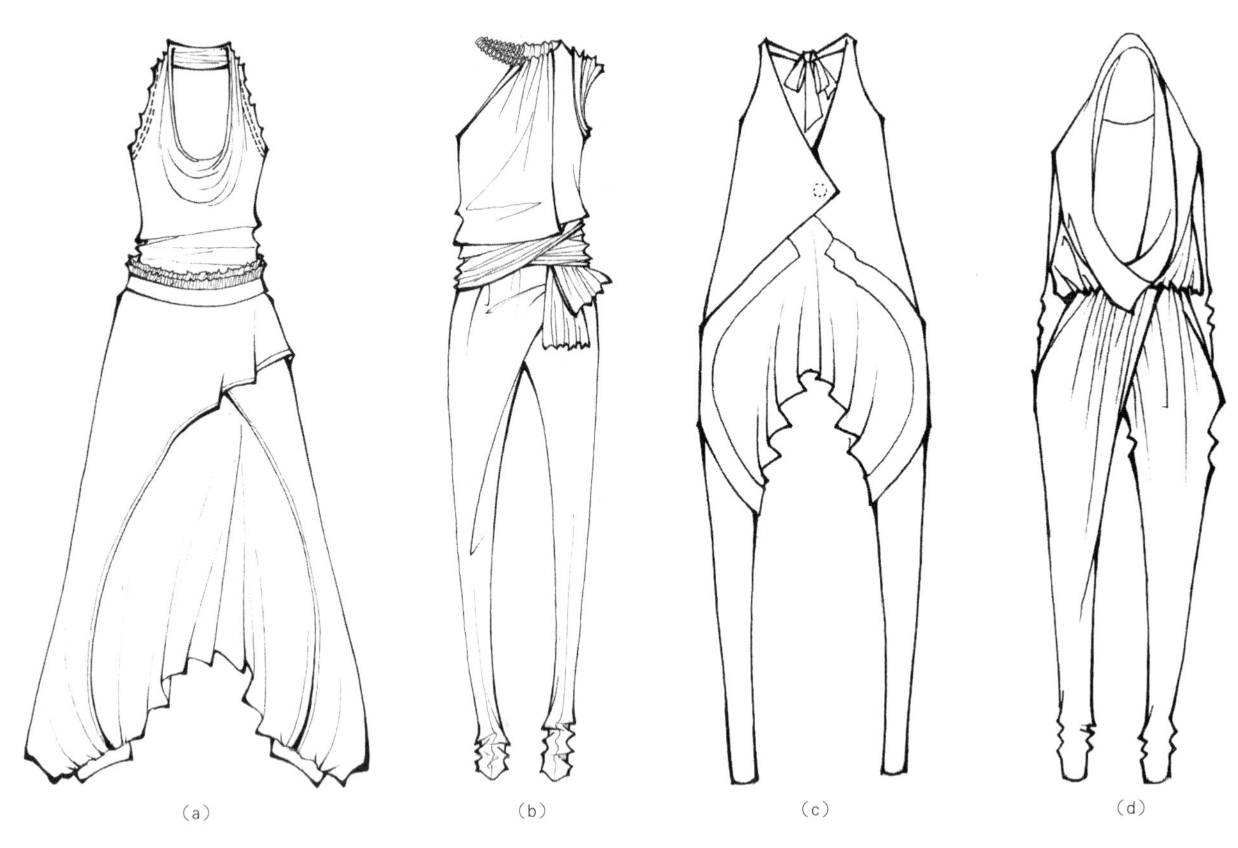

▲图3-1-17 连衣裤

▲图3-1-18 连衣裙

（四）内衣

内衣的种类有很多，包括紧身胸衣、文胸、掐腰、背心式衬裙、短腰、家居内衣、装饰类普通内衣（睡裙）、内裤等，现在常用的以文胸、内裤、紧身胸衣、装饰类普通内衣（睡裙）、家居内衣为主。从绘画的角度看，和外衣差别大的是塑形紧身胸衣和文胸，文胸由肩带、罩杯、后拉片、鸡心组成，设计时常和内裤成套设计。绘画时先要将文胸的罩杯形状描绘出来，再按照比例描绘肩带、后拉片等，最后勾勒细节，如图3-1-19所示。

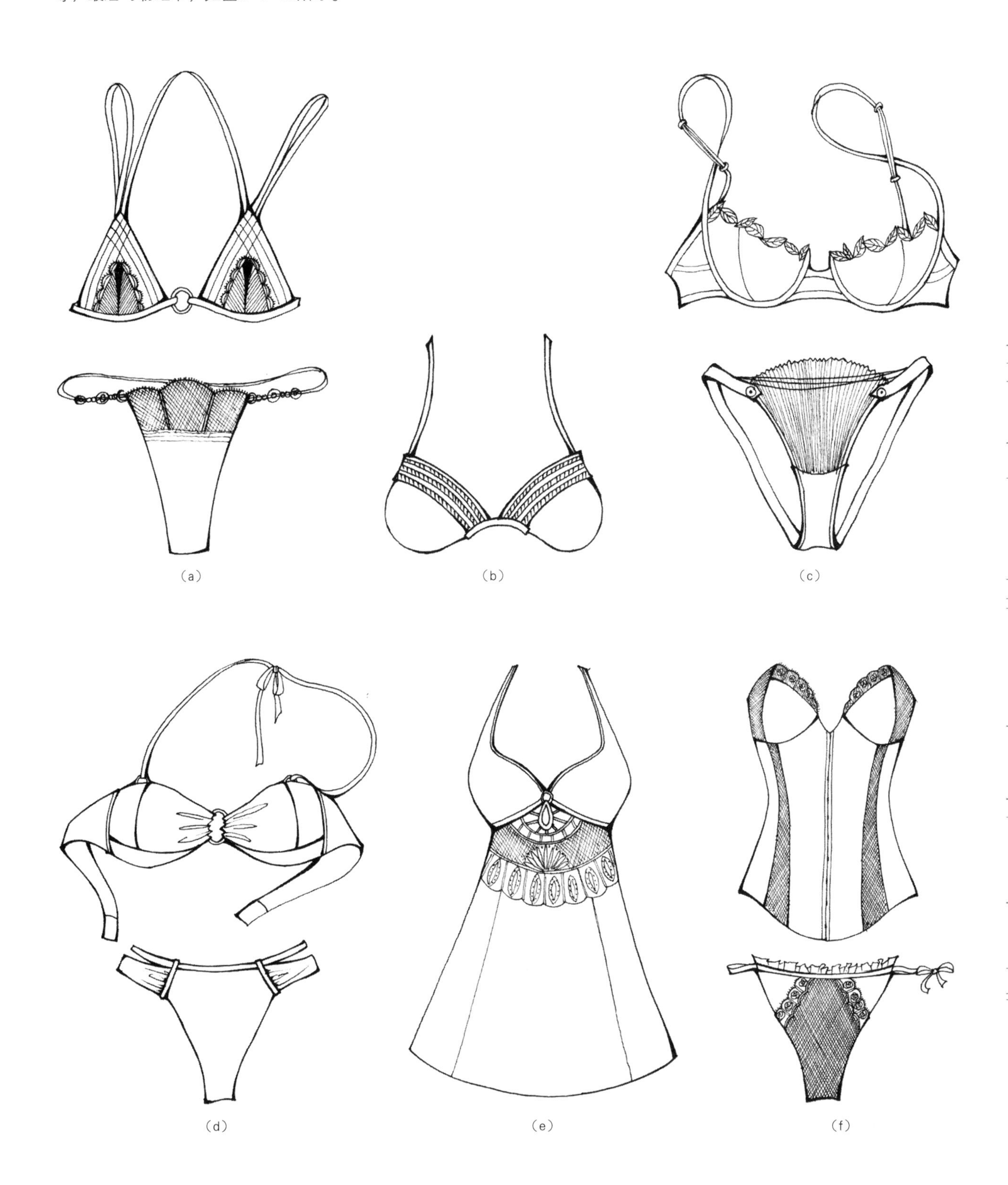

（a）（b）（c）

（d）（e）（f）

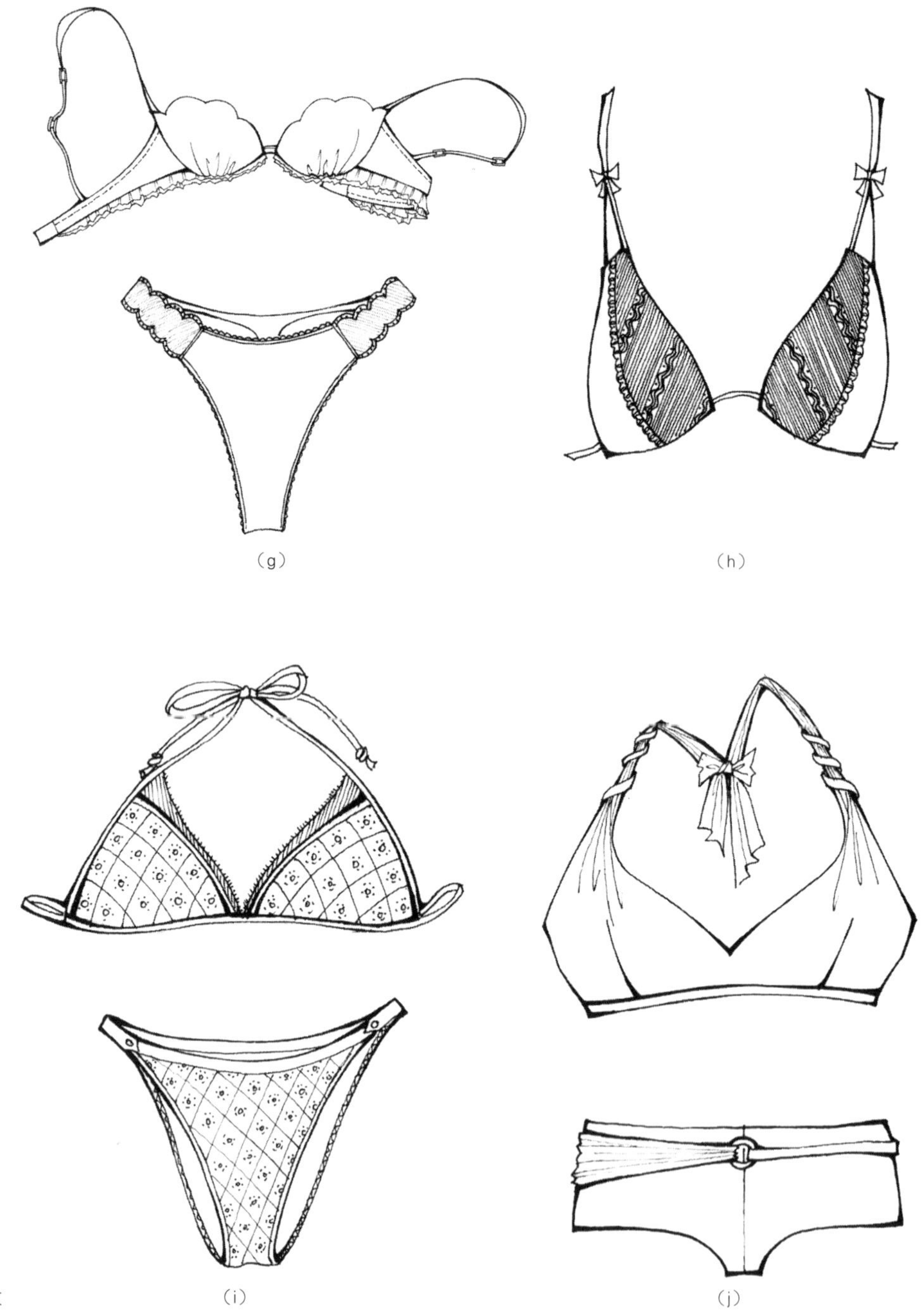

▶ 图3-1-19 内衣

三、款式图褶皱的表现

褶皱是由于款式结构的变化而呈现出来的外观，面料的软硬、厚薄，导致了褶皱的变化不一，这也是绘画的难点，如丝绸轻薄的特点，呈现出的褶皱是流畅、圆浑的垂褶；普通棉织物呈现出的是长短不一、略扁的褶皱；皮革呈现的是宽大圆浑的褶皱等。所以描绘褶皱之前要观察各种织物褶皱的特点，描绘时先要找到褶皱的起点和止点，分清褶皱的方向，要有疏有密、有长有短，避免出现平行的线条。褶皱多的款式，要突出几组有重点的描绘，如图3-1-20所示。

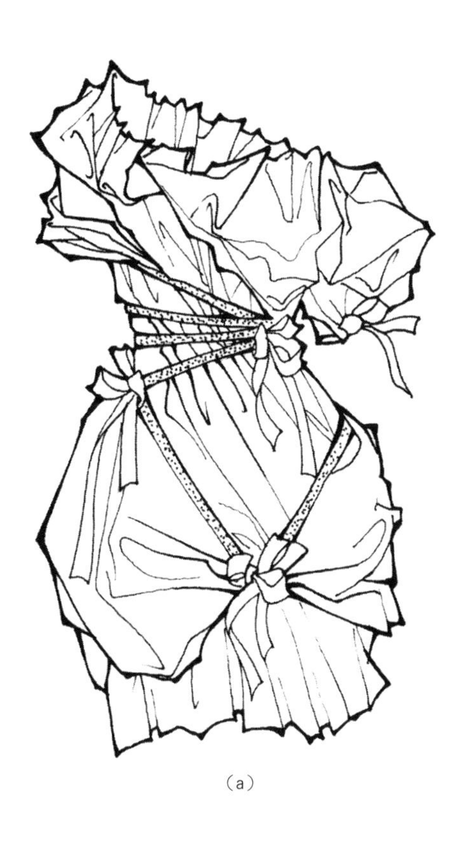
（a）

（b）

◀图3-1-20　褶皱的表现

四、款式图装饰细节的表现

款式图中的装饰细节如图案、装饰线迹、贴花等，正确的绘制，既有利于美感的传达，又有利于工艺制作的展开，所以，装饰细节的描绘要真实、精确，尤其是它的位置、比例、与衣片的衔接、线迹等要素要准确地表达出来，不需要夸张，如图3-1-21所示。

（a）

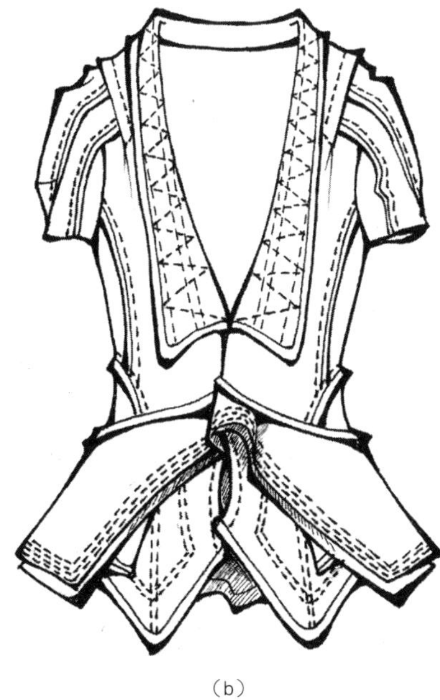
（b）

◀图3-1-21　细节的表现

五、毛皮的表现

毛皮的种类有很多种，不同的毛皮其外观也各不相同，如卷毛状的紫羔、毛质细密的水貂毛、毛短成绒状的貂绒等，绘画时要根据不同皮毛的外观具体描绘。表达不同毛皮特征的重点是边缘的描绘，要描绘出长短不一、错落有致、层次分明的边缘，像描绘头发那样成组的描绘。边缘内侧是毛形状的勾勒，要根据边缘的方向，有轻重的分组描绘。中间的位置可以是空的，这样可以清晰地表现出毛皮的厚度，如图3-1-22所示。

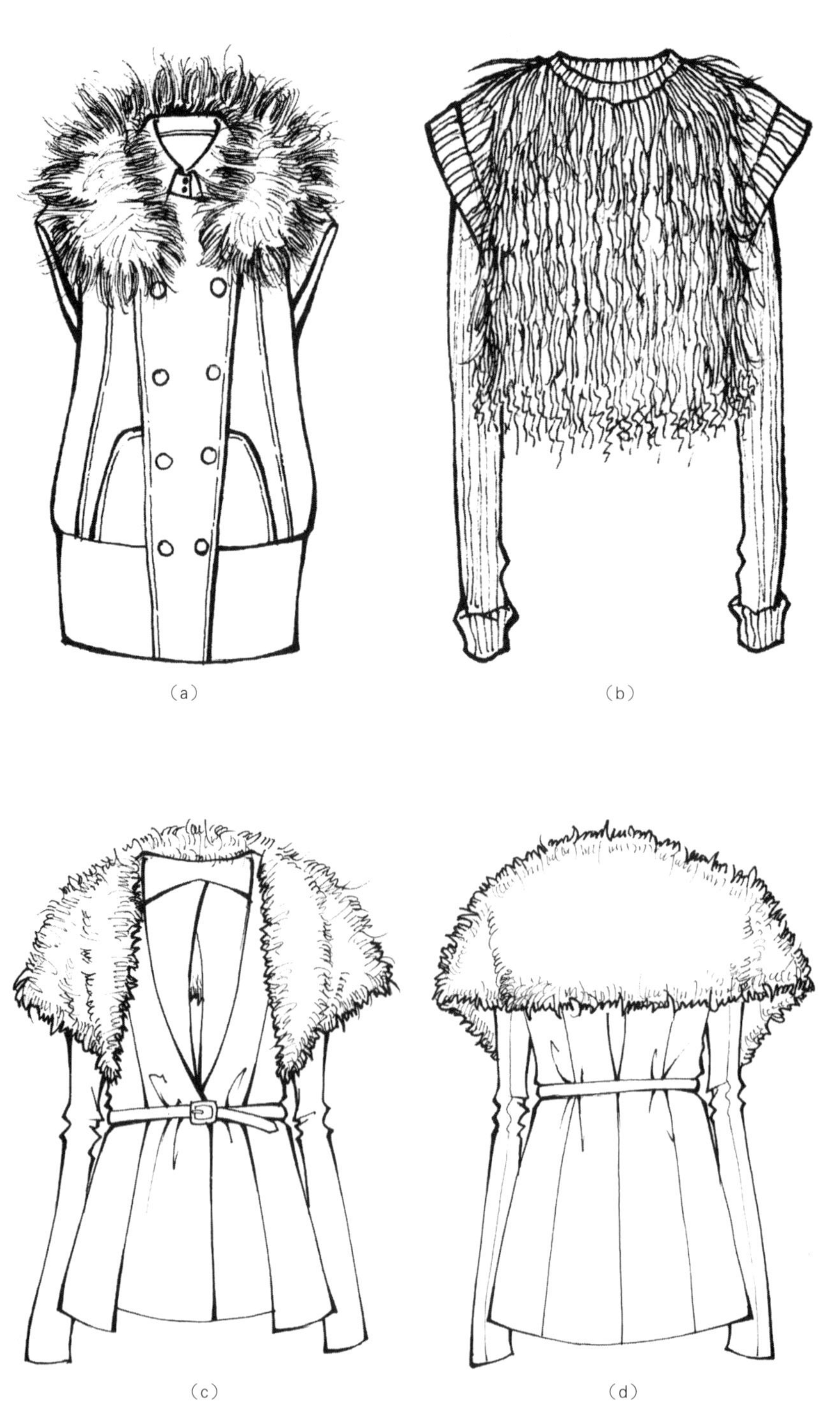

▶图3-1-22　毛皮的表现

第二节 实际生产中服装细节图及工艺解剖图的表现

这是服装画与服装制板、服装制作相衔接的部分。在实际生产中，服装画不仅应用于设计企划，还要指导样衣、大货的制作生产。这就需要设计师在绘制效果图之外，还要提供款式图、详细的细节图及工艺解剖图，这里的细节通常指的是特殊的设计、特殊的工艺，需用图示传达给制板、制作人员，还有装饰类的细节，比如贴花、刺绣、钉珠等，都需要设计师将装饰的位置、大小、图案、缝制工艺等要求准确地描绘出来，这样才能够准确的按照设计师的构思打制样衣，提高工作效率。

一、服装工业制板、制作图示

服装工业制板、制作细节图及工艺解剖图不像效果图可以为追求美感做适当的夸张，必须按照工艺图示标准准确的绘制。常用的制板、工艺图示见表3-2-1。

表3-2-1 制板、工艺图示

名称	表示符号	符号说明
省道线		表示衣片需要收取省道的位置与形状，一般用粗实线表示
褶位线	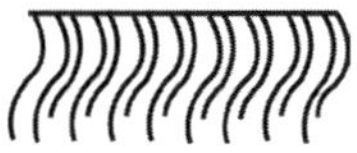	表示衣片需要收褶
裥位线	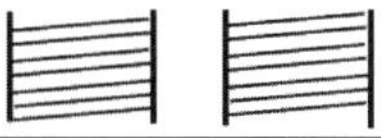	表示衣片需要折进的部分，斜线方向表示褶裥的折叠方向
塔克线		表示衣片需要缉塔克的地方，图中实线表示塔克的梗起部分，虚线表示缉明线的线迹
经纱线		表示面料经向的标记，符号的设置与布料的经纱平行
纬纱线		表示面料纬向的标记，符号的设置与布料的纬纱平行
斜纱线		表示面料斜向的标记，符号的设置与布料的45° 斜纱平行
顺向号		表示面料表面毛绒顺向的标记，箭头方向与毛绒的顺向相同
对条号	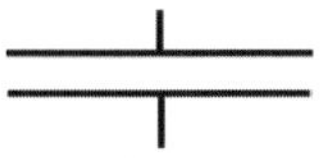	表示相关衣片的条纹一致的标记，符号的纵横线应当与布纹相对应

续表

名称	表示符号	符号说明
对花号		表示相关衣片之间应当对齐纹样的标记
对格号		表示相关衣片之间应当对齐格纹的标记，符号的纵横线应当对应布纹
缩缝号		表示衣片某部位需要用缝线抽缩的标记
罗纹号		表示衣服下摆、衣领、袖口等部位需要装罗纹边的标记
包边缝		将两衣片间的毛边折净，正面卡缉双明线，常用于衬衫、牛仔裤侧面缝制
单包边劈缝		将要缝合的两衣片单独包缝后再进行缝制，缝合后将缝份劈开熨烫
双包边倒缝		将要缝合的两衣片缝和后再将两衣片合在一起包缝，包缝后将缝份倒向一侧熨烫

二、实战训练与案例分析

1. 上衣类款式表现及工艺图示

规格：160/84A

身长：57cm. 肩宽：38cm. 袖长：61cm. 胸围：90cm.

▲图3-2-1　运动上衣工艺图示

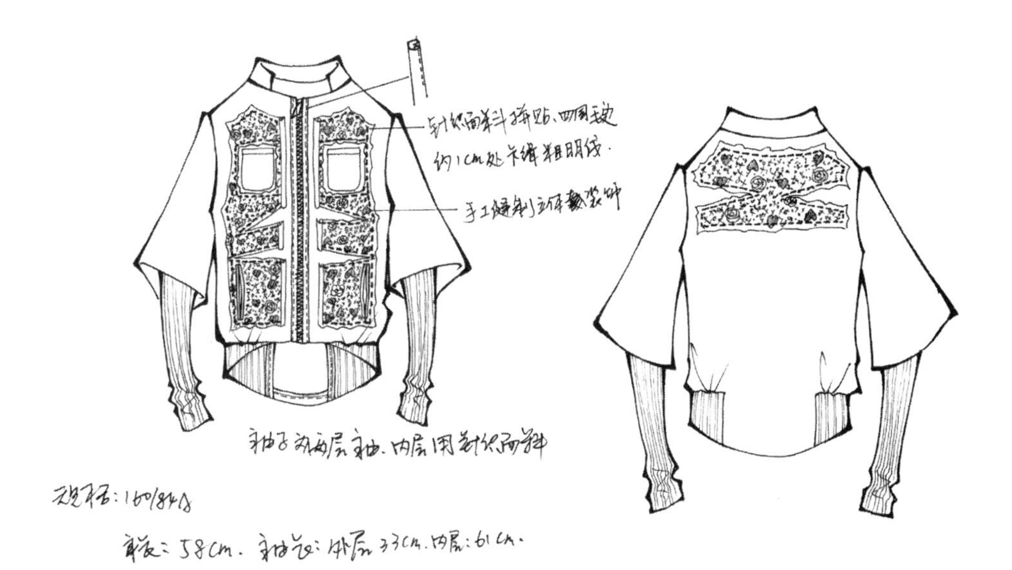

▲图3-2-2　休闲外套工艺图示

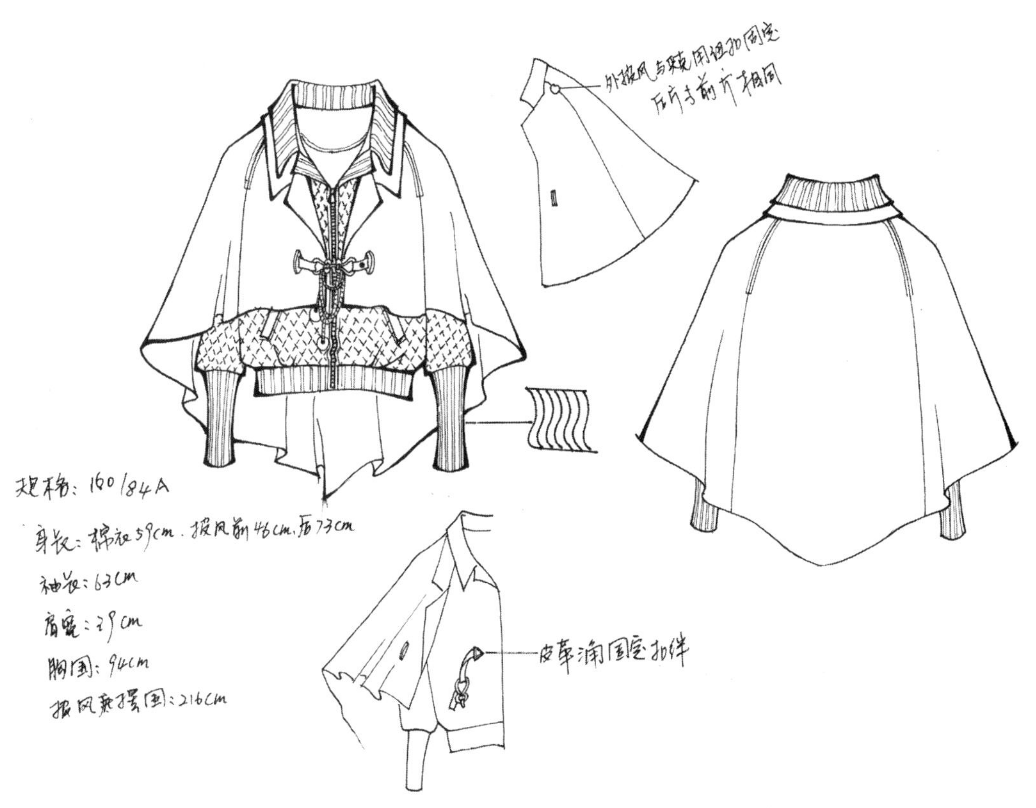

▲图3-2-3　披风夹克工艺图示

▲图3-2-4　棉衣工艺图示

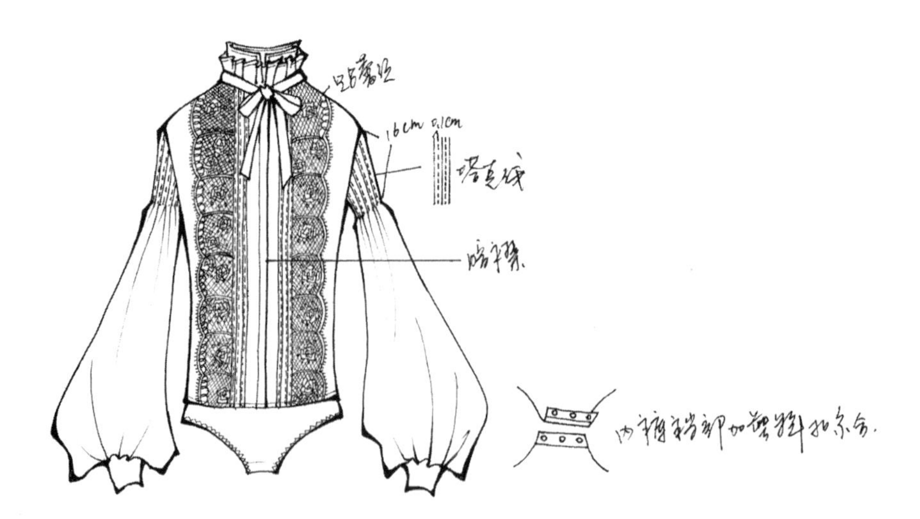

▲图3-2-5　衬衫工艺图示1

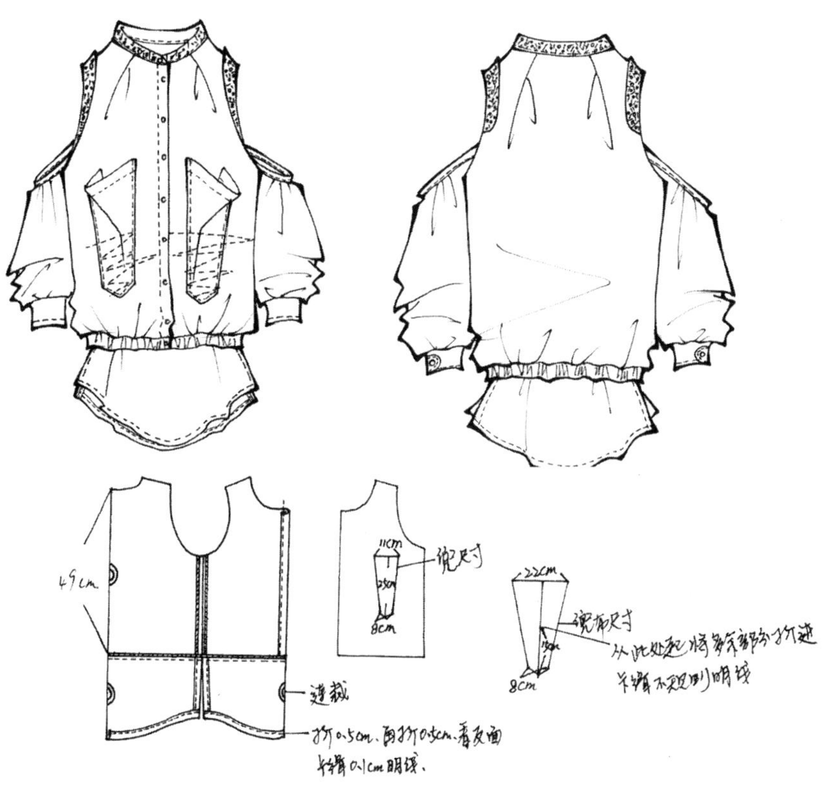

▲图3-2-6 衬衫工艺图示2

2. 裤装类款式表现及工艺图示

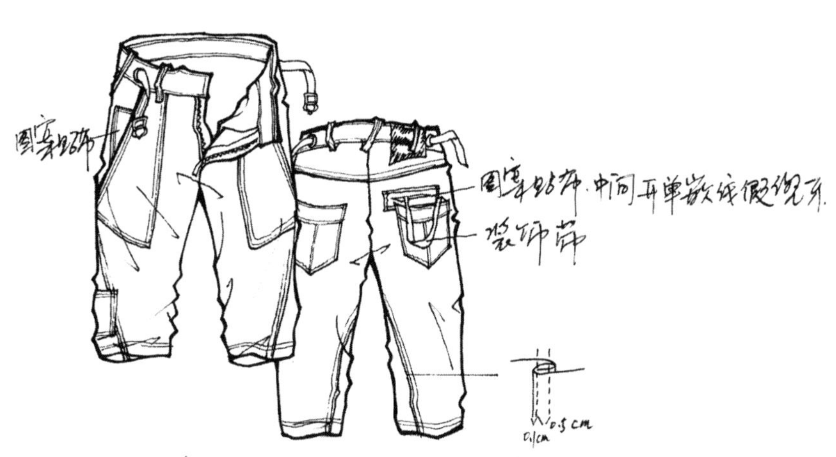

▲图3-2-7 短裤工艺图示

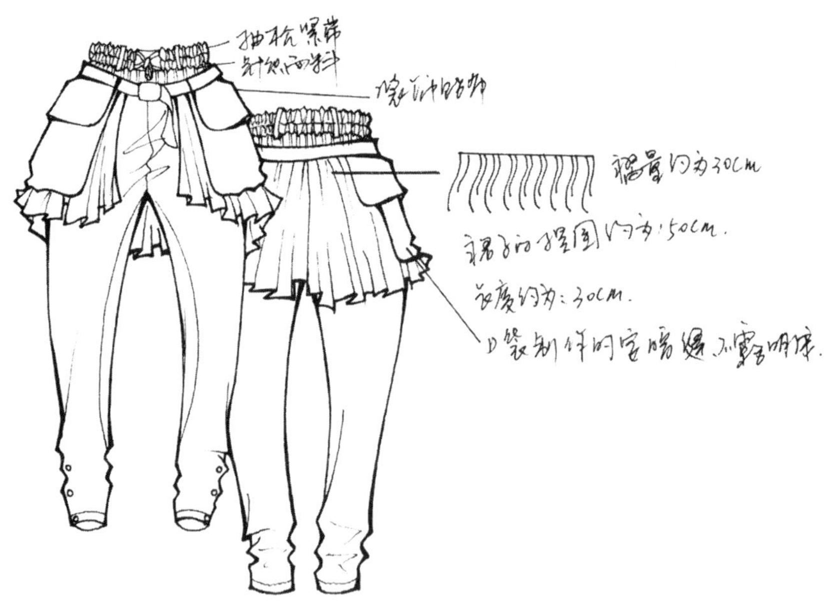

规格：160/68A

裤腰：68cm. 臀围：102cm 裤长：100cm

裤口围：22cm.

▲图3-2-8 裤子工艺图示

3. 裙装类款式表现及工艺图示

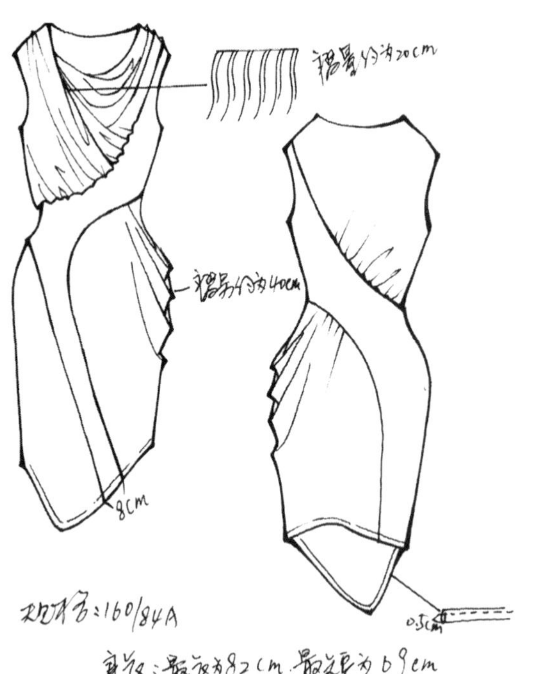

（a）

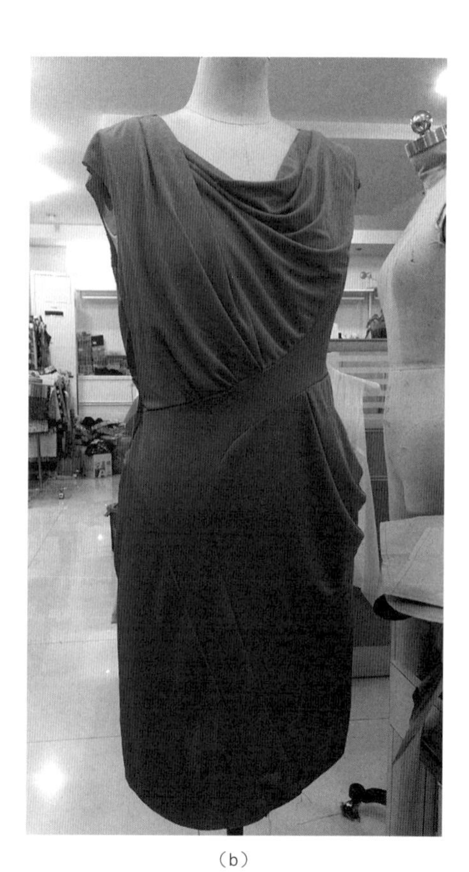

（b）

▲图3-2-9 连衣裙工艺图示1

（a）

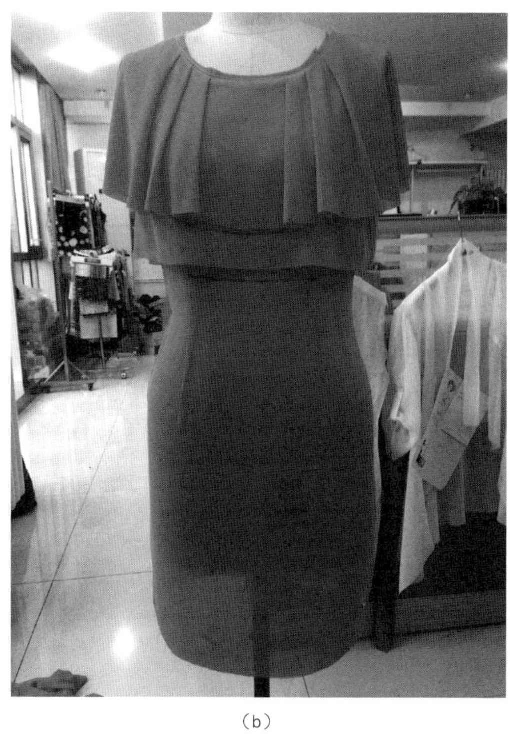

（b）

（c）

▲图3-2-10　连衣裙工艺图示2

思考与练习题

1. 按照服装款式的分类练习服装平面图的绘制。
2. 按照服装款式的分类分解制作工艺，并用文字与图示表现出来。

服装
工业效果图

第四章

人体着装表现

这是对前面所学知识综合应用的一章，既有人体的绘制，又有服装款式的绘制，还要对时装穿在人体上，人体做各种动作时，时装外观发生的变化进行描绘。本章的重点是人体着装的黑白绘画即线描画，是彩色绘画的基础。

人体着装黑白表现即对人着装后根据不同动态的变化呈现出来的整体状态的单线描绘。主要训练学生时装与人体的结合描绘，尤其是服装在人体高低起伏曲线作用下外观的改变以及人体做各种动态时形成的衣纹变化，是学习的重点也是难点。

第一节　人体和服装

服装的外观（廓形）是通过人体呈现出来的，在人体高低起伏曲线的支撑下，出现了有收有放、有松有紧、有长有短的不同廓形，所以，首先要了解人体重要的支撑点——肩点、肘关节点、腰部最小点、骨盆点、膝关节点。在这些点的支撑作用下，服装才呈现出H型、Y型、A型、X型、S型等不同外观，如图4-1-1～图4-1-4所示。

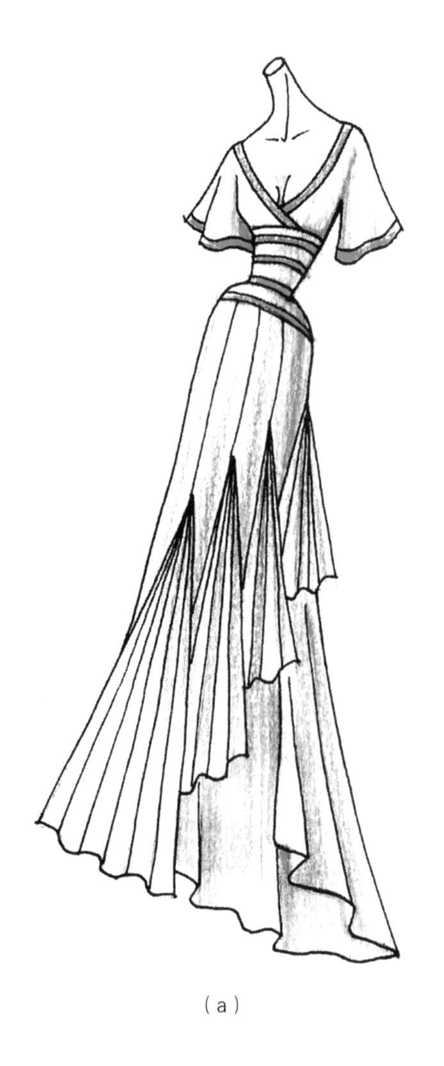

（a）

（b）

（c）

▲图4-1-1　服装廓形变化1

▲图4-1-2 服装廓形变化2

▲图4-1-3 服装廓形变化3

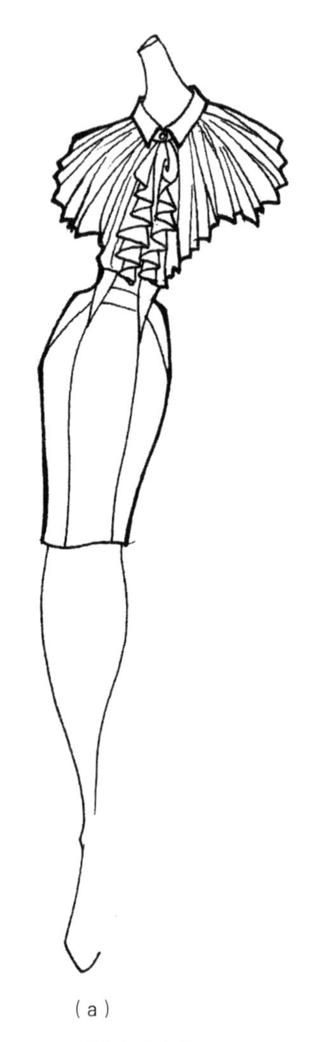

（a）

（b）

（c）

▲图4-1-4 服装廓形变化4

第二节 人体动态与着装

人体动态的选择最终要考虑如何更好地展示服装，服装款式的设计点、风格加上相匹配的动态，才能将服装与人体完美的结合起来，展现出人体着装的最佳状态。比如抬胳膊的姿势适合表现袖子、袖窿处有变化的款式；撑开腿的姿势适合表现裤身有变化的款式等。另外，模特的动态要和服装的整体风格相吻合，比如饰有流苏、摆围较大的款式适合选择模特走台时的动态；运动装适合选择略微夸张的动态等。

一、人体动态与着装案例分析

如图4-2-1所示，此款服装的表现重点在动感很强的披风以及毛皮和流苏，模特走动的姿态正好可以很好地表现随风飘动的披风与流苏。

如图4-2-2所示，此套服装是简洁的运动风格，模特在动态的选择上不受限制，但是为了与运动风格的服装交相呼应，选择了动感较强的姿态，夸张的发型与简洁的服装互补，使整个画面丰富起来。

如图4-2-3所示，此套服装是中性风格，且表现的重点是机车夹克的干练与腰间随意系扎的长袍，正面的姿态完全可以表现设计的重点。同时，模特的姿态也是随意的中性姿态，与整套服装共同营造潇洒、干练的中性风格。

▲图4-2-1　人体着装1

▲图4-2-2　人体着装2

▲图4-2-3 人体着装3

如图4-2-4所示，这套服装是甜美风格，娃娃领、蕾丝、喇叭裙，无不衬托出年轻女性柔美的一面，适宜选择反映女性文静娴雅的静态，加之双手拎包的动作，与服装的风格融为一体。

如图4-2-5所示，这套服装是轻松自在的都市休闲装，可以选择一个放松随意的动态，如双手插兜双腿随意交叉，加上凌乱自然的短发，塑造出当代年轻人的穿衣风格与生活状态。

▲图4-2-4　人体着装4

▲图4-2-5　人体着装5

二、绘画的顺序

在描绘人体着装时，先描绘人体动态，但没必要很细地去描绘，只需轻轻地勾勒出大形，然后在此基础上描绘服装。描绘服装的顺序一般是从上到下、从外到内、从粗到细、从局部到整体。

第一步，选择适合所要表现服装的人体动态，用铅笔轻轻地描绘出大形，因为被服装覆盖的部位最终是要擦掉的，在人体动态绘画熟练之后，表现人体着装时，只找出人体关键部位的位置即可，五官也不必很细致地描绘，定出五官的大体位置就可以了，如图4-2-6（a）所示。

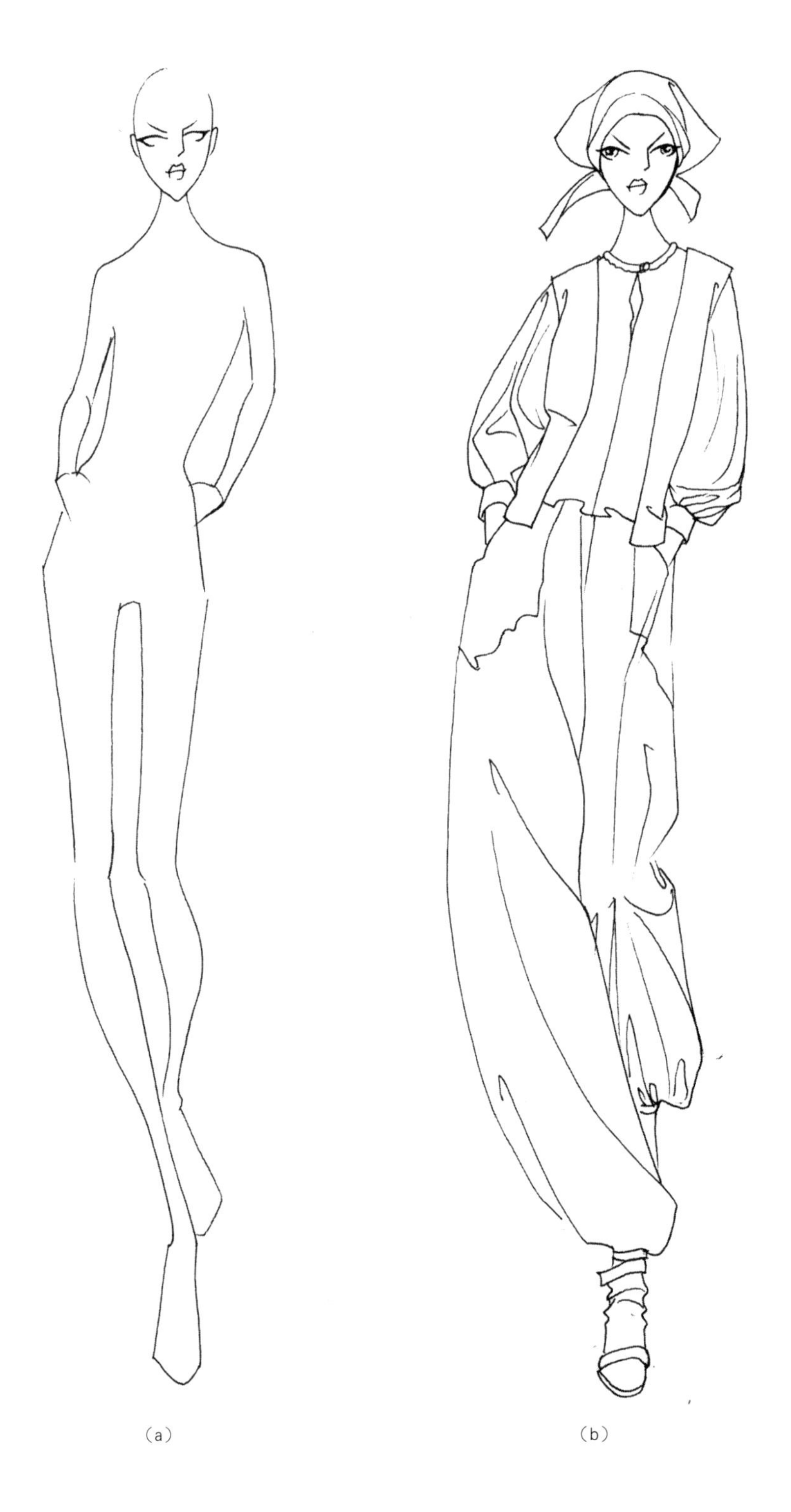

（a） （b）

第二步，从领部开始描绘服装，先定出关键部位，如前门襟、衣长、袖山、裤长等，再将人体做动作时产生的衣纹描绘出来，如图4-2-6（b）所示。

第三步，充实服装外廓形、内结构的描绘，如结构线、衣褶等，如图4-2-6（c）所示。

第四步，用影调找出人体着装的空间关系，增强立体感、整体感，充实细节的描绘，如图4-2-6（d）所示。

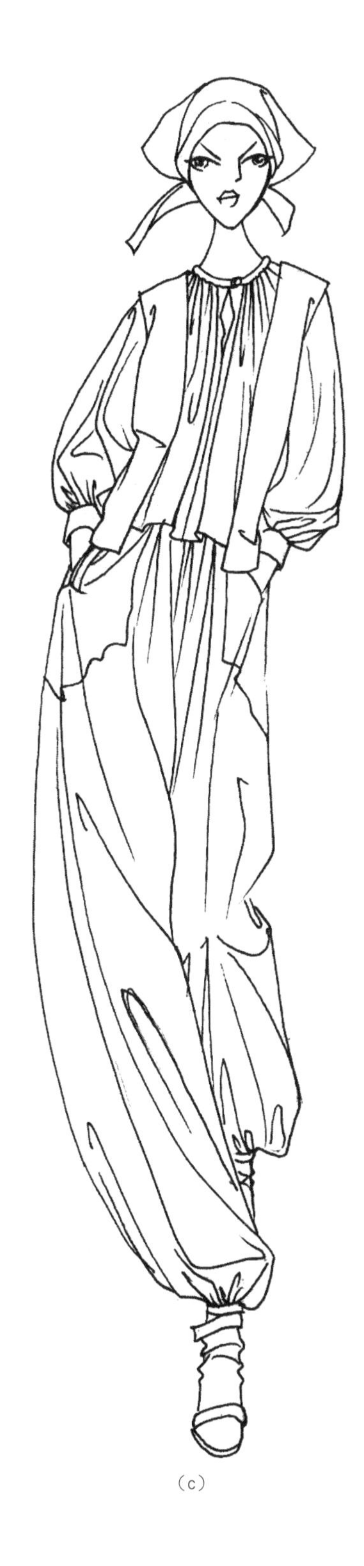

（c）

（d）

◀图4-2-6　人体着装绘画顺序

第三节　衣纹的表现

人在做各种动作时，服装会根据人体的变动出现褶皱，比如弯胳膊、抬胳膊、迈腿、弯腿等，这种褶皱和服装自身结构出现的褶皱不同，通常把它叫做衣纹。衣纹是人体着装绘画的难点和重点，在描绘衣纹之前，先要提炼衣纹。人体着装绘画与人物速写还是有很大差别的，人体着装绘画重点表现的是服装穿在人体上的效果，过多的衣纹势必会影响服装整体的表现。容易出现衣纹的部位主要集中在四肢，根据四肢的活动规律，将衣纹归纳为牵引型衣纹（伸腿）（如图4-3-1所示）和折叠型衣纹（弯胳膊）（如图4-3-2所示）。

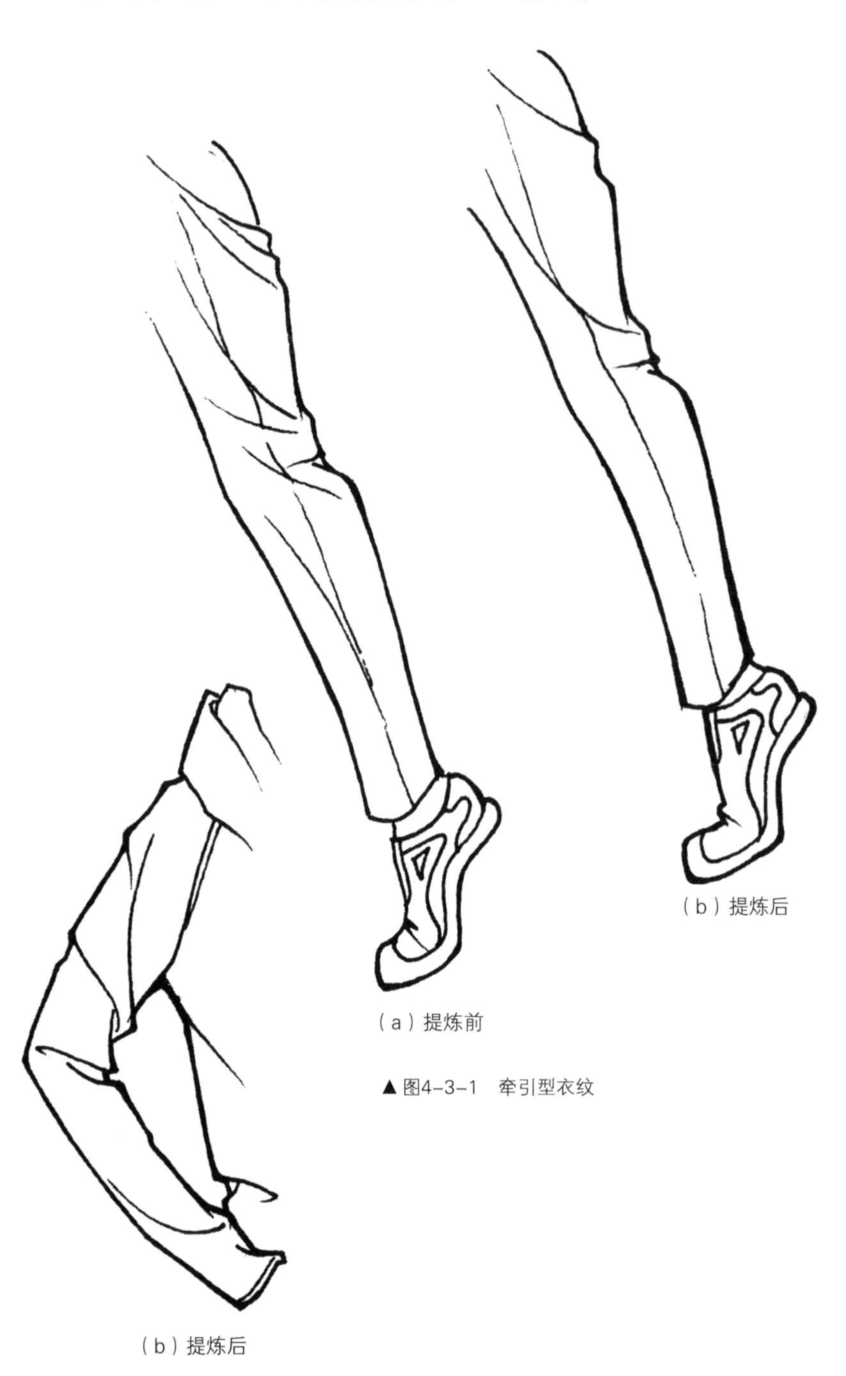

（a）提炼前

（b）提炼后

▲图4-3-1　牵引型衣纹

（a）提炼前

（b）提炼后

▲图4-3-2　折叠型衣纹

衣纹表现案例分析

如图4-3-3所示，此套服装主要是胳膊弯曲形成的折叠型衣纹，提炼后的衣纹既表现出模特手臂的动作，又清晰地描绘出服装合身的袖型。阔腿裤宽松的造型与悬垂性很强的面料特性，加之腿部的动作幅度较小，所以裤子形成的衣纹少且宽大细长。

如图4-3-4所示，此套服装是修长合身的长裙，在长裙围裹下的双腿伸曲时会形成衣纹，衣纹主要分布在膝盖周围，将能表现模特动态的衣纹提炼出来，提炼时注意不要出现过于平行的衣纹。

如图4-3-5所示，此套服装形成衣纹的关键部位一是弯曲的胳膊肘部，二是裤子裆部和裤身。胳膊肘部形成的是折叠型衣纹，模特右腿向前弯曲时，裆部会形成横向的衣纹，描绘时要疏密有致。

▲图4-3-3　衣纹表现1

▲图4-3-4　衣纹表现2

▲图4-3-5　衣纹表现3

如图4-3-6所示，此套服装衣纹描绘的重点在裤子，模特的动态将裤子夸张的裆部拉开，形成斜向的衣纹，描绘时注意衣纹的走向与线条的轻重、疏密关系。

如图4-3-7所示，此套服装是连袖长裙，外廓形呈O型，在袖窿处势必会形成衣纹，模特走动的动作会在膝盖处形成衣纹，此款服装运用柔软、悬垂性强的面料，衣纹的描绘宜用流畅的长线条。

▲图4-3-6　衣纹表现4

▲图4-3-7　衣纹表现5

第四节　服装内外层次的表现

人体着装往往是以整套的形式展现的，上衣与下装、外套与内搭服饰、配饰等，这就势必会出现上下、内外的层次，如何处理好各层次间的关系，使之具有秩序感、立体感和整体感，重要的一步是假定一个光源，光源的照射会形成阴影，层次间的关系也就更为明确。光源习惯上从人体的左上方或右上方照射下来，光照射到的地方为亮部，用笔要轻，照射不到的地方为暗部，用笔要重，或略加阴影，用线条的轻重粗细将服装上下、内外的层次关系表达出来。

如图4-4-1所示，该套服装是毛呢套装，为了加强整套服装的立体感，除了通过线条的粗细与阴影描绘人体着装的内外、前后、上下等空间关系，还在背光的地方如靠近外套前襟的T恤、外套底摆下面的裙子画出阴影，增强人体着装的立体感。

如图4-4-2所示，此套服装的外套是带有长流苏的套头毛衫，套头毛衫下面的服装在飘动的流苏下若隐若现，会形成很强的阴影，用细斜线或粗线条描绘阴影，增强服装的空间感。流苏所呈现的是动感很强、线状的外观，所以描绘时要强调出随风飘动的方向感。另外描绘的流苏多呈错落有致的曲线状，也要成组地描绘。

如图4-4-3所示，模特扶腰的动作将披风撑开，露出的披风内里会形成很强的阴影，披风底摆下面的裤子用粗线条描绘出阴影。

如图4-4-4所示，在光源的照射下，越厚重的服装，背光面形成的阴影越重，本图假定光源从左上方打下来，左前门襟下面的西装要加重描绘，露出的羽绒服内里也要加重描绘，增强服装的厚重感与立体感。

如图4-4-5所示，光源从左上方照射下来，在背光的地方如衬衫左侧、右袖左侧等描绘阴影，增强服装的空间感。

▲图4-4-1　内外层次表现1　　▲图4-4-2　内外层次表现2

▲图4-4-3　内外层次表现3

▲图4-4-4　内外层次表现4

▲图4-4-5　内外层次表现5

第五节 配饰的表现

配饰的种类繁多，如鞋子、项链、围巾、包、手链、戒指、头饰、手套等，在现今即买即穿戴的商品社会背景下，服装与服饰品的整体展示、销售已成了服装市场的主流。另外，在各大服装设计大赛中，选手为了营造整体的风格与氛围，往往将配饰表现得淋漓尽致。在绘制配饰时，先要弄清楚配饰的结构，细节及结构的描绘是配饰绘制的重点。

一、包的绘制

包与服装一样，因制作的材料不同，会呈现出不同的外观。包主要由包身、包带及配件组成。绘制时先要将包的外廓形、各部件的比例位置找出来，再绘制结构和细节，尤其是包的开合、包带的缝制工艺等，都要准确地描绘。制作包用的很多配件是金属材质，一般会以立方体的形式出现，要将立方体的结构描绘准确，如图4-5-1所示。

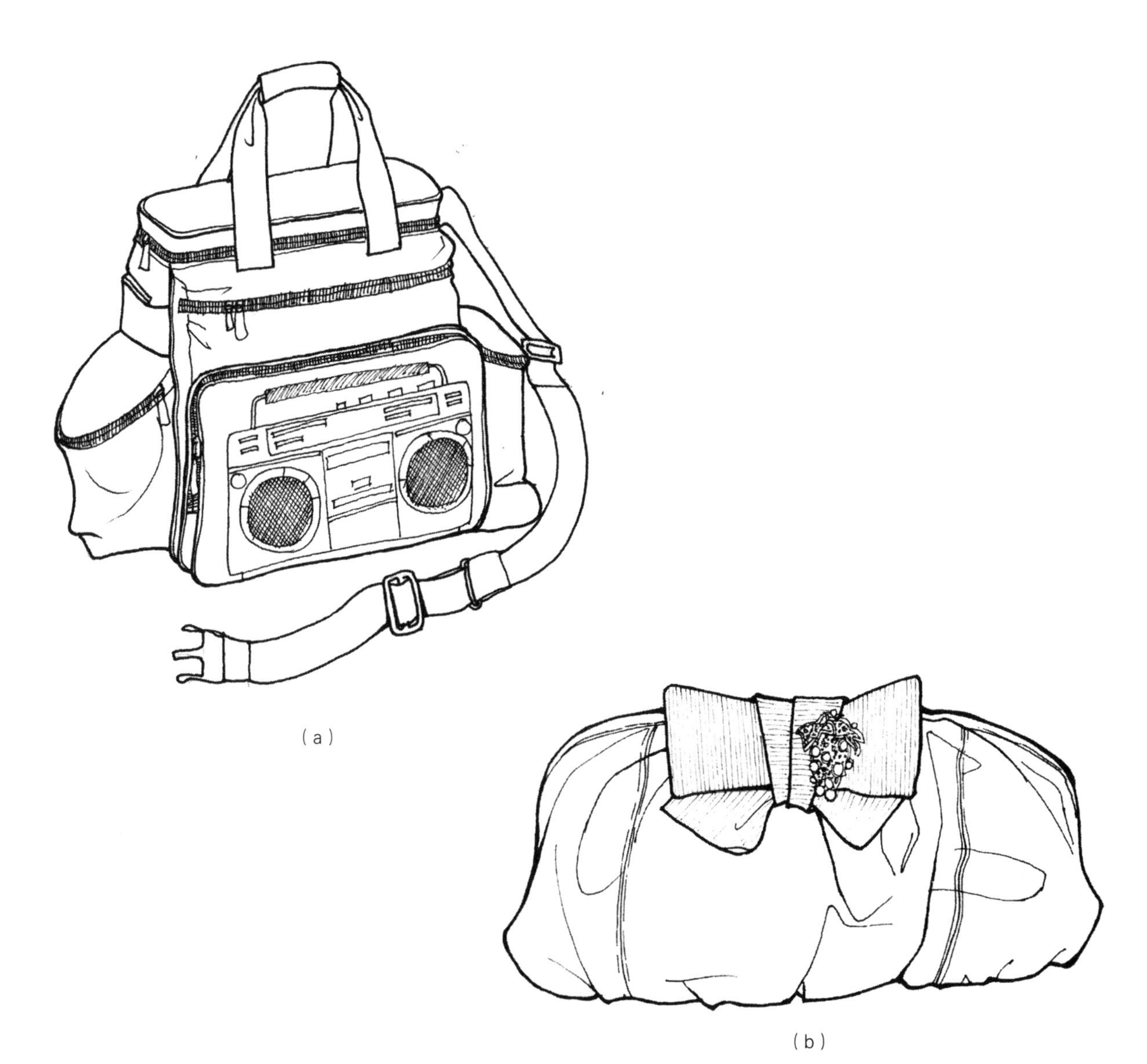

（a）

（b）

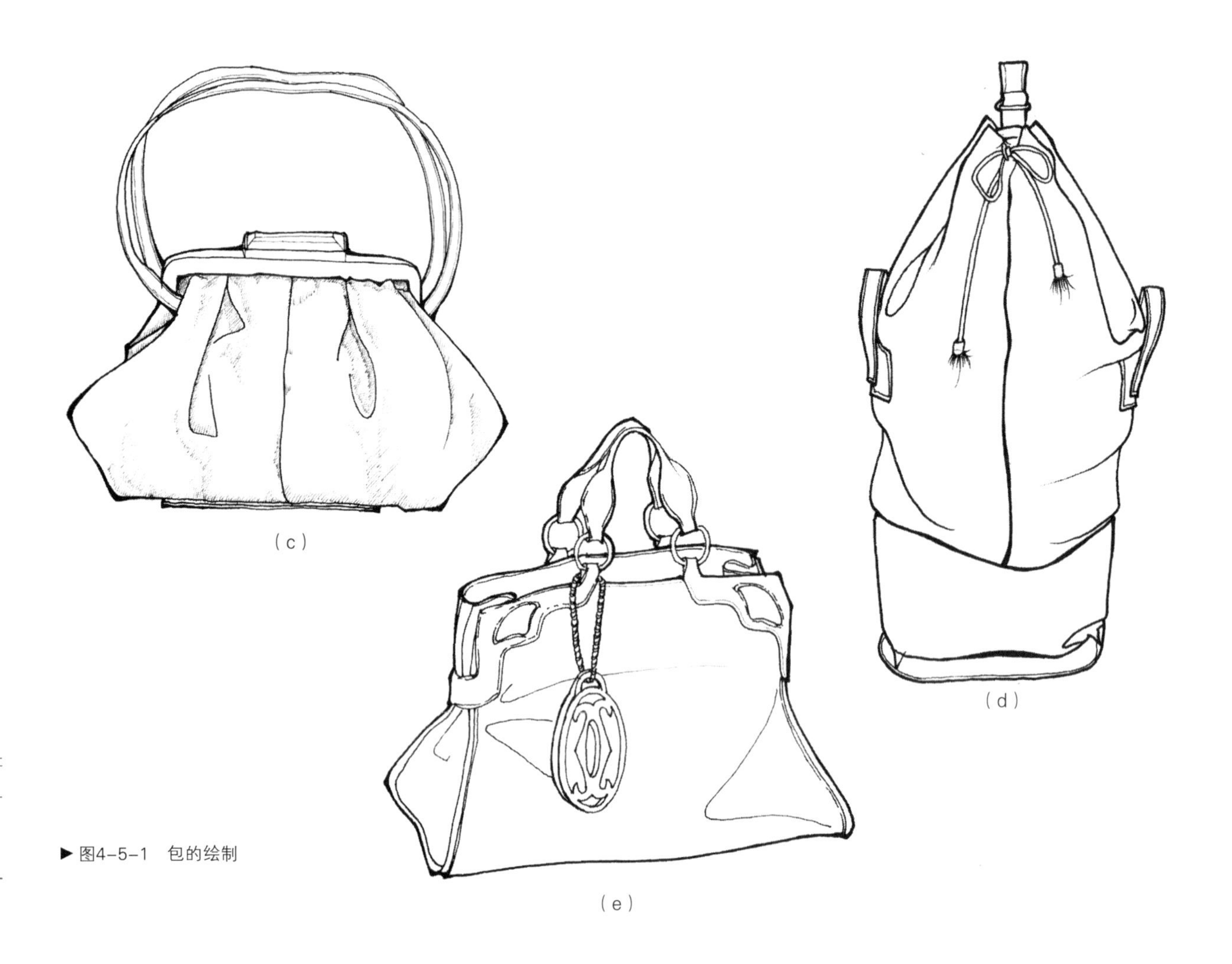

▶图4-5-1　包的绘制

二、鞋子的绘制

鞋子从形态上大致可分为平跟和高跟，描绘时先要找出鞋子倾斜的角度，鞋子的底部与地面始终在同一水平线上。再夸张的鞋子也是要穿在脚上的，所以脚是描绘鞋子的参照物，如图4-5-2所示。

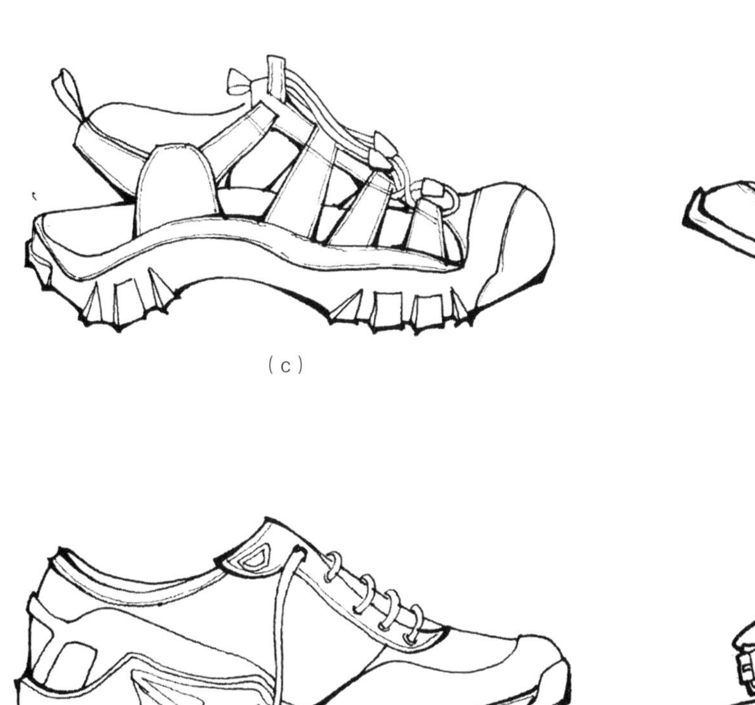

（c）

（d）

（e）

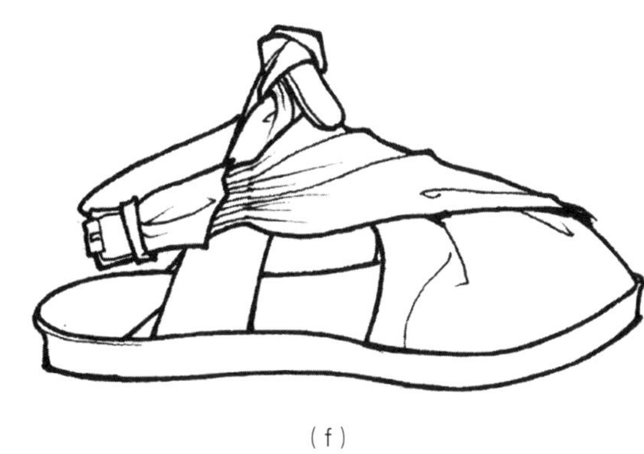

（f）

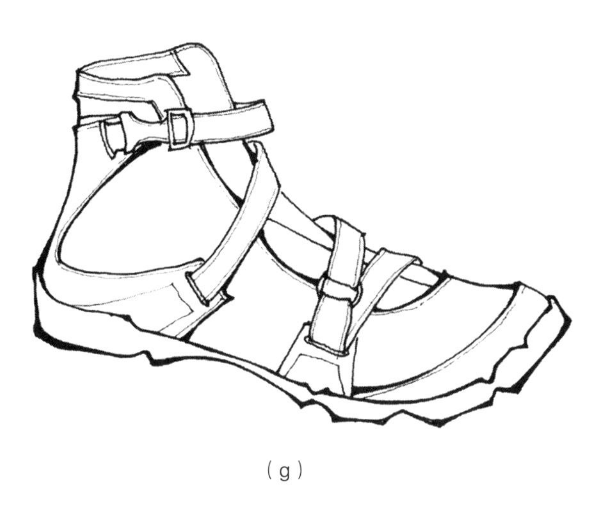

（g）

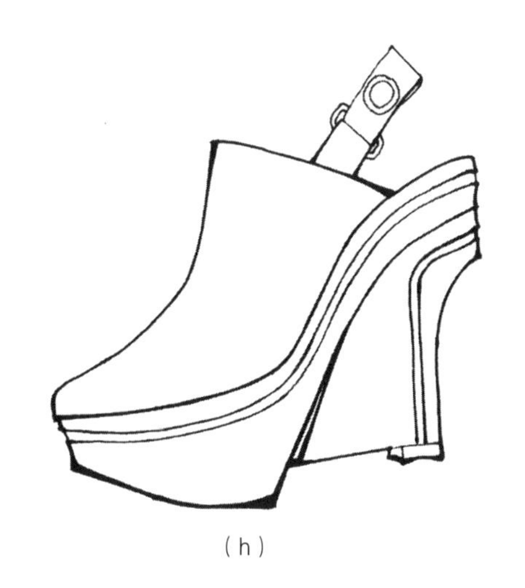

（h）

▲图4-5-2 鞋的绘制

三、首饰的绘制

首饰一般指的是戒指、项链、手链、手镯、胸针等，大多是金属材质的，所以，首饰一般是以立方体的形式出现的，描绘时要将立方体或圆柱体的各个面、厚度、整体的结构找准确，注意结构间的穿插，再用影调加以强调，如图4-5-3所示。

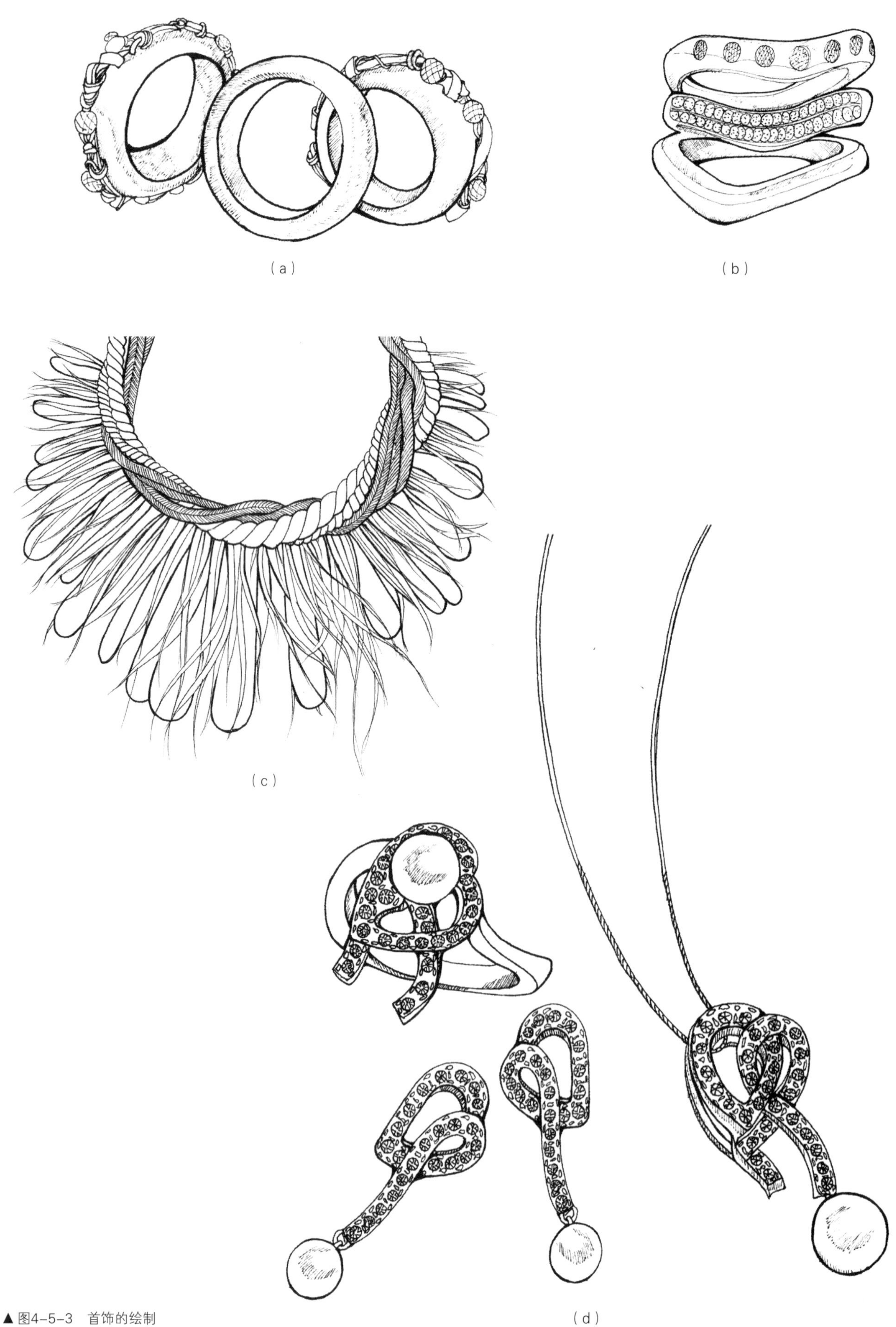

▲图4-5-3 首饰的绘制

四、帽子的绘制

帽子的分类有很多，如渔夫帽、鸭舌帽、贝雷帽等。从设计的角度，帽子的变化是多种多样的，尤其是发布会和设计大赛中的帽子，更是千姿百态，再复杂的帽子，其描绘也是从大型开始的，然后才是结构和细节，但是不能过于注重细节的描绘而忽视了整体的塑造，如图4–5–4所示。

(a)

(b)

(c)

（d）

（e）

▲图4-5-4　帽子的绘制

五、案例分析

不论是实物展示还是绘画，服饰搭配完整的着装总是令人赏心悦目，配饰既是整体的一部分，也是点睛之笔，如图4-5-5所示。

▲图4-5-5　配饰在人体着装中的表现

第六节　人体着装实战训练

一、优雅经典的着装表现

优雅经典型的人体着装适合表现职场日常着装、宴会着装等，稳重是此类着装的主题，所以，人体动态动作幅度不宜太大，如图4-6-1所示。

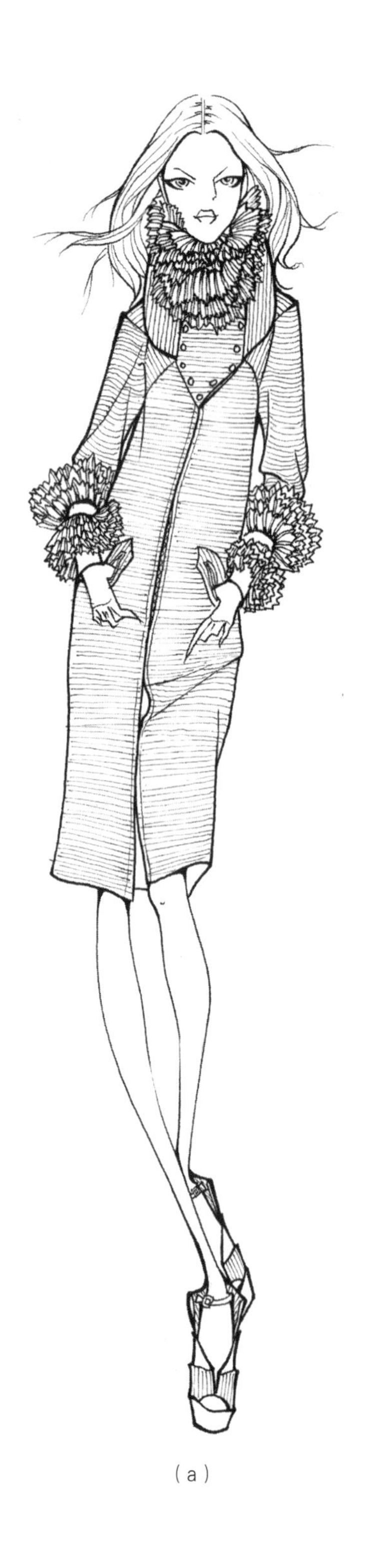

（a）

（b）

（c）

▲图4-6-1 优雅经典型人体着装

二、活力运动的着装表现

活力运动型人体着装常用来表现运动装、休闲装，宜选择动作幅度大的人体动态，加上包、帽等配饰，能够增强服装整体风格的表现，如图4-6-2所示。

（a）　（b）

▲图4-6-2　活力运动型人体着装

三、可爱俏丽的着装表现

可爱俏丽型人体着装多用来表现洛丽塔风格、田园风格、东京娃娃风格等，花边装饰、碎褶等是这几类风格的常用元素，如图4-6-3所示。

（a） （b）

▲图4-6-3 可爱俏丽型人体着装

四、柔软垂坠型着装表现

柔软垂坠型的服装，褶皱是其主要的设计元素，当服装本身的褶皱较多时，应减少衣纹的出现，突出服装款式的表现，所以，所描绘的人体动态幅度不宜太大，如图4-6-4所示。

（a）（b）

▲图4-6-4　柔软垂坠型人体着装

五、硬挺厚重型着装表现

如图4-6-5所示，这一类型主要表现毛呢类、棉服以及硬挺材质的服装，由于面料本身的特性，这类服装不会出现太多的褶皱，但会形成空间感很强的外廓形。

(a) (b) (c)

▲图4-6-5 硬挺厚重型人体着装

思考与练习题

1. 根据服装风格练习人体着装，描绘时注意衣纹的提炼以及服装内外层次的表现，服饰搭配完整。

2. 绘制首饰、帽子、包、鞋子各五款。

第五章

人体着装彩色表现

人体着装彩色表现是效果图表现的最后一步，即在前期人体着装黑白表现的基础上施以色彩。彩色表现可以用很多的工具、颜料、方法去描绘，比如水粉、水彩、马克笔、油画棒等，其中最常用的是水粉和水彩，水粉颜料由粉质的材料组成,用胶固定,覆盖性比较强，所以画水粉的时候经常会从最深的颜色下笔，绘制出的服装画偏厚重；水彩由矿物质材料组成，覆盖性很弱，注重水分的利用,画水彩时要从最浅的颜色画起，绘制出的服装画轻盈、通透，绘画的速度也比水粉快，所以，对于服装工业效果图来讲，水彩绘画是不错的选择。当然，如果学生习惯用水粉绘画，也可以尝试用水彩的绘画方式，从亮部上色，留出高光，这样可以减少厚重、发闷的感觉。

第一节 钢笔淡彩法着色技巧

通过色彩描绘，可以赋予服装绘画各种风格，如写实、写意、夸张、简约等，服装工业效果图既要传达设计理念，又要服务于实际生产，所以过于夸张的风格不适合服装工业效果图的绘制，服装工业效果图是介于写实和写意之间的简约风格，清晰、明确、一目了然。

一、钢笔淡彩法表现技巧

钢笔淡彩法是本书中主要的绘画技法，这种方法易掌握、快捷，用水彩颜料和水性笔共同完成。水彩绘画首先要掌握的是水与颜料的调和，水彩绘画离不开水，水分的多少、干湿直接影响到绘画效果。一幅服装效果图从亮部到暗部上3~4遍色即可完成。钢笔淡彩法的特点是笔触清晰、流畅、通透感强，是绘制各种设计稿最常用的一种绘画方法。

第一步，根据假定光源分出亮部和暗部，皮肤、服装都从亮部画起。先调出服装本身的颜色（服装本身的颜色也是用水彩色加水调和成的），然后加上适量的水，就调和成亮部的颜色。上色时要在最亮部适当留白，皮肤色一般用接近肤色的赭石色描绘，也可以根据服装的色调和风格用任意色描绘，此图的肤色是用紫罗兰、黑色加水描绘的，如图5–1–1（a）所示。

第二步，等第一遍颜色干透后，在服装本身颜色的基础上少加些水，根据明暗关系上第二遍色，上色时不要将第一遍色全部盖住，在亮部、服装凸起的结构周围留出亮色，同时，进一步描绘五官、头发，如图5–1–1（b）所示。

第三步，待第二遍色干透之后，用服装本身的颜色继续着色，暗部用服装本身的颜色加黑调和后着色，同时将服装上的图案描绘出来。服装效果图中的模特通常是化妆后的五官，所以，在这一步根据服装的色调风格为模特的五官着妆，如图5–1–1（c）所示。

第四步，这是绘画的最后一步，有三个任务要完成，一是在服装的最背光处，用水性笔或毛笔勾勒出阴影，增强立体感；二是描绘细节，如服装上的装饰；三是用水性笔、铅笔或毛笔勾线，线条的轻重粗细是根据光源的照射和服装的结构变化的，如图5–1–1（d）所示。

▲图5-1-1 钢笔淡彩法着色

二、钢笔淡彩法案例分析

尽管真实模特的头发是黑色的，但用钢笔淡彩法绘制头发时，要用浅淡的灰色或彩色着色。如果头发着色过于浓重，会有头重脚轻的感觉。模特头发的颜色用黑色加水完成，服装主题色用群青色加水绘制，如图5–1–2所示。

在钢笔淡彩法的绘制中，有些细节的描绘，如图案、面料表面的肌理、蕾丝等可以通过水性笔、金色笔等工具共同完成，如图5–1–3所示。

▲图5–1–2　钢笔淡彩法1

▲图5–1–3　钢笔淡彩法2

在用钢笔淡彩法着色时，一般不会用白色，即使是白色的服装（用有色纸描绘除外）也不会用白色描绘，用灰色描绘出明暗关系即可，如图5-1-4所示。

以下为几款钢笔淡彩法着色实例，如图5-1-5所示。

▲图5-1-4 钢笔淡彩法3

（a）　　（b）

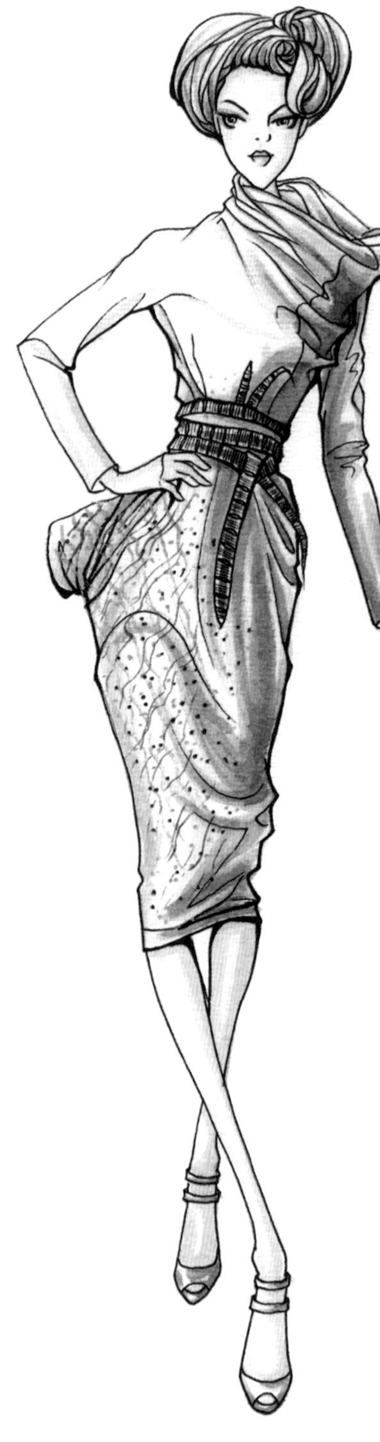

（c）

（d） （e） （f）

▲图5-1-5 钢笔淡彩法实例

第二节 面料质感表现技法

不同的面料会呈现出不同的外观，在用色彩表现服装时，也是在表现面料。面料的种类繁多，加之科技的进步，更是赋予了面料无穷的变化，同样是棉织物，也会有千差万别的外观。

一、丝绸织物

柔软、光泽度好、悬垂性强是丝绸织物的特性，在光的照射下丝绸从亮部到暗部的过渡是柔和的，通常将描绘这类织物的技法叫做渲染法。渲染法与钢笔淡彩法不同的是亮暗部之间没有明显的笔触，过渡柔和。渲染法在绘画时色彩的调和、着色的顺序与钢笔淡彩法相同，只是后一遍色要在前一遍色没干的时候着色，这样，色彩在水分的作用下会自然均匀地晕开，色彩从亮色柔和地过渡到暗色，呈现出织物光亮柔软的特性，如图5-2-1所示。

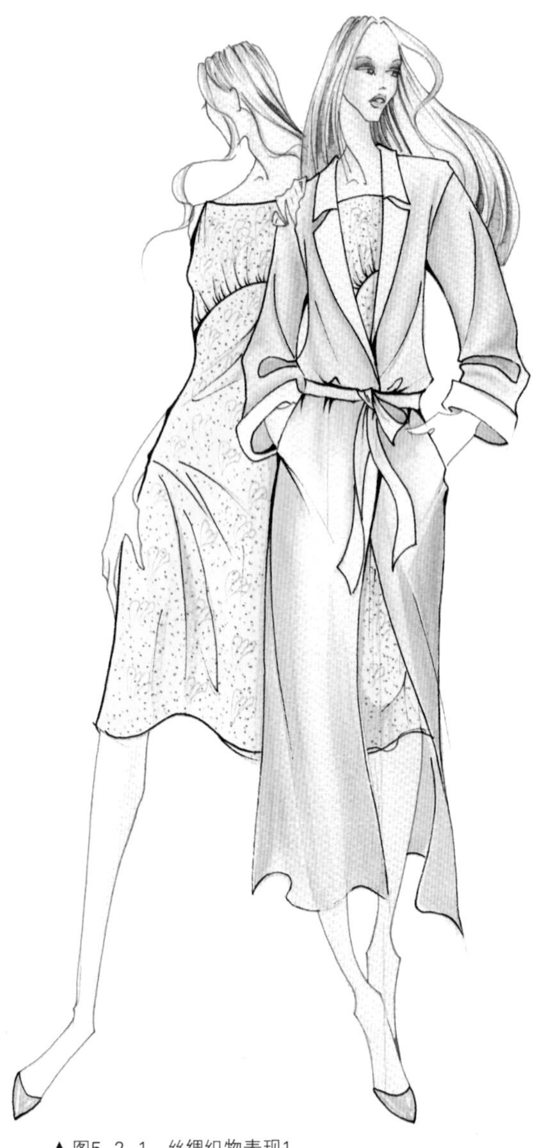

▲图5-2-1 丝绸织物表现1

▲图5-2-2 丝绸织物表现2

丝绸织物形成的褶皱是圆浑松软的，用渲染法描绘出色彩间柔和的过渡，将织物的特性表现得恰到好处，如图5–2–2所示。

二、裘皮

裘皮的种类有很多种，但有一定厚度、毛发细密是这类织物的共性，描绘时不必将裘皮的毛发一根根画出，可以利用水与颜色相互晕化所形成的痕迹，产生细密而自然的、向四周放射开的水与色的纹理效果表现，这种方法称为水迹法。水迹法除了适宜表现裘皮外，还适宜表现卷花小、体积膨大的头发。水迹法的着色顺序与钢笔淡彩法相同，从亮色画起，着色前要在涂色的地方用清水涂一遍，然后再着色，待颜色晕开后，再根据明暗、服装结构一步步着色。所有的着色都要在湿的状态下完成，如图5–2–3所示。

绘制设计稿时，面料的描绘不必过于细致，因为要塑造的是模特着装的整体状态、整体风格，面料只是其中的一部分，此图中拼接的裘皮可用水迹法稍加描绘，再在其边缘勾线即可，如图5–2–4所示。

▲图5–2–3　裘皮表现1

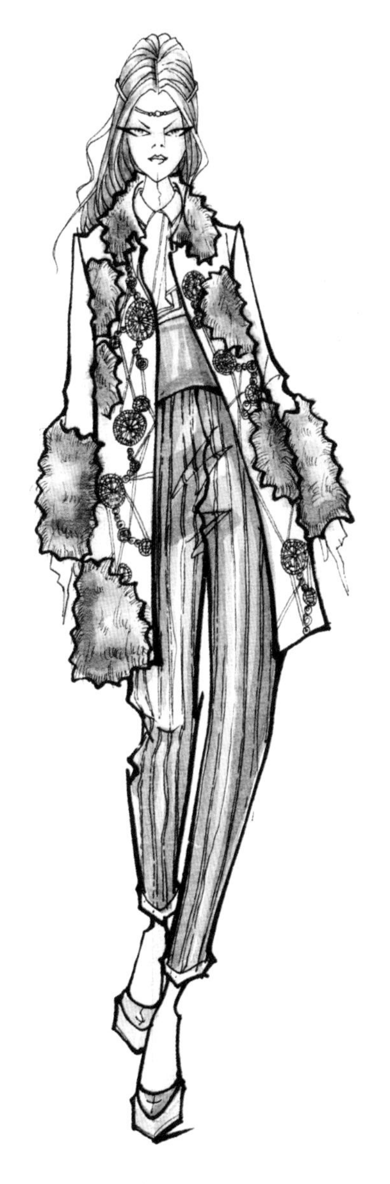

▲图5–2–4　裘皮表现2

三、皮革的表现

皮革硬挺，大都光泽明显，在光线的照射下，高光突出，明暗反差大，衣纹宽大显著，多呈明显的圆弧转折，可用钢笔淡彩法描绘。描绘时要将高光处在涂色前留出，因为水彩色没有覆盖力，如图5-2-5所示。

如图5-2-6所示，图中的裤子是由光泽度特别高的漆皮制作的，在强光的照射下，裤身会呈现强烈的明暗反差，大面积的高光将裤子本身的墨绿色变成白色，背光处则直接用黑色着色，简单的几笔就可以将面料的特性表现出来。

◀图5-2-5　皮革表现1
▲图5-2-6　皮革表现2

四、图案的表现

在科技如此发达的今天，图案的花色种类日益繁多，服装效果图的绘画，不可能像工笔画那样将面料图案真实地描绘出来。再复杂的图案也会呈现出色彩倾向和图案的图形分布规律，可用钢笔淡彩法或渲染法（根据面料的质地而定），用写意的手法将大致的图形及色彩的分布进行描绘，要注意的是，要等到一种颜色干透后再描绘另一种色，如果用水将两种颜色融合到一起就会产生面料图案之外的颜色，并且很难修改，如图5-2-7所示。

如图5-2-8所示，恰到好处的图案，会为效果图增色不少，除了用水彩色描绘外，还可以借助各种颜色的水性笔、油画棒等辅助工具描绘，这样会增加图案的完整性。

◀图5-2-7　图案表现1
▶图5-2-8　图案表现2

以下为几款图案表现的实例，如图5-2-9所示。

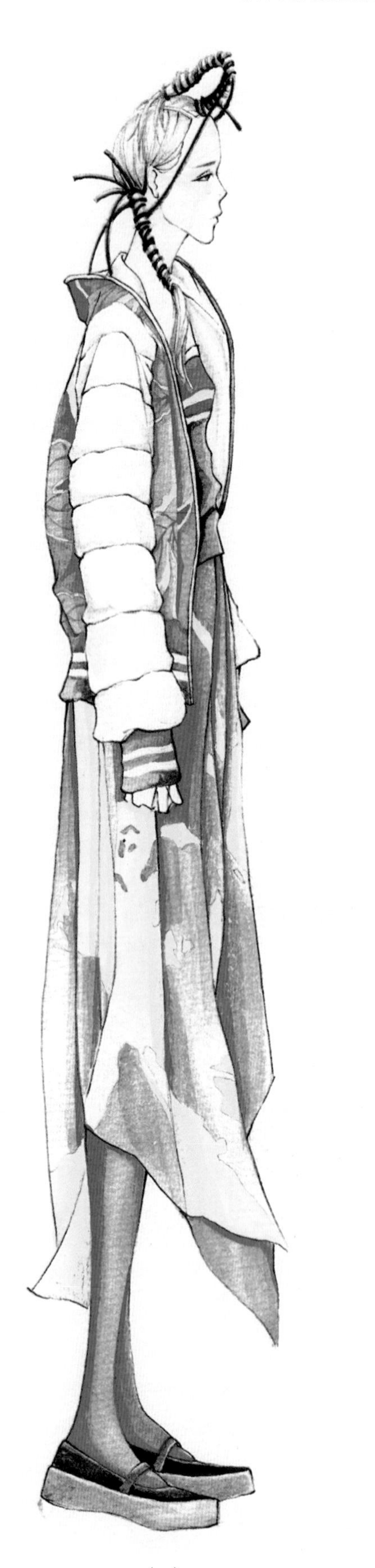

（a）

（b）

（c）

（d）

▲图5-2-9　图案表现实例

五、薄纱的表现

薄纱有一定的透明度，薄纱下面的物体会显现出来，所以薄纱的颜色会受到下层面料或人体肤色的影响，描绘时要先将下层物体的颜色进行着色，待颜色干透之后，再着薄纱的颜色，水彩颜料没有覆盖力，恰好可以显现出下层的颜色。在光线照射下，薄纱的颜色要淡一些，但薄纱的边缘一般是两层或三层折叠缝合，会失去透明感，所以薄纱边缘的着色要重，薄纱多用钢笔淡彩法表现，如图5-2-10所示。

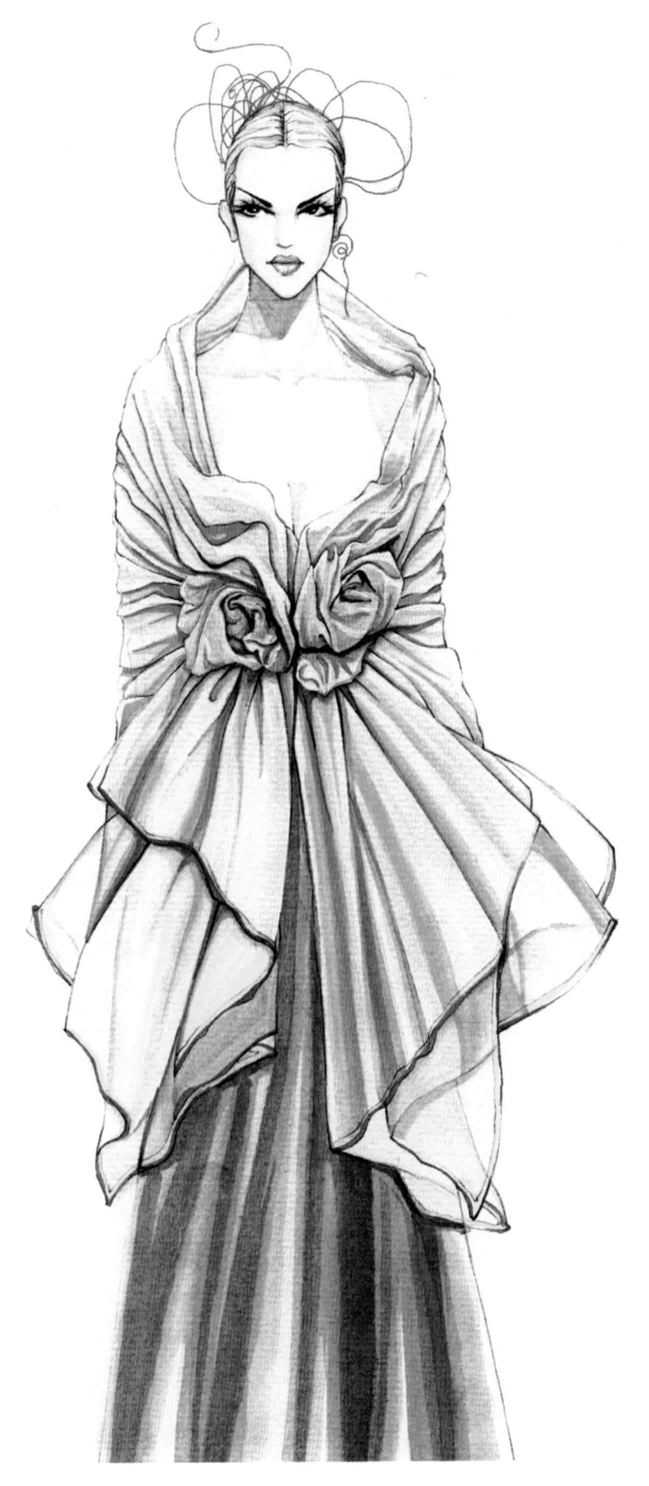

▲图5-2-10　薄纱表现

六、毛针织的表现

毛针织指的是纬编针织物，这类织物的特性是织物厚实柔软，有毛茸茸的感觉，表面纹理清晰，有很强的凹凸感，由于织物表面特性，在光线的照射下不会形成强烈的高光，明暗面的过渡也是比较柔和的，可以用渲染法描绘。织物针法变化形成的凹凸感可以通过颜色的轻重表现，也可以用彩铅、油画棒等描绘，如图5-2-11所示。

▲图5-2-11 毛针织表现

▲图5-2-12 珠子和亮片的表现

七、珠子与亮片表现技法

珠子和亮片是服装中常用的装饰，珠子的描绘实际上是球形体的描绘，要通过颜色的轻重将珠子的体积感表现出来，另外珠子的高光是非常强烈的，明暗面的色差也很大，可以借助金属笔、荧光笔等工具描绘。珠子和亮片等装饰物会为服装的整体表现增光添彩，如图5-2-12所示。

牛仔是服装中的一个大类，牛仔也因其粗犷、时尚的风格闻名于世。牛仔类服装可用钢笔淡彩法表现，为了更好地表现牛仔表面的肌理，可以用细水性笔在服装表面勾勒斜线，如图5-2-12所示。

第三节 实战训练与案例分析

一、服装设计大赛效果图的表现

每一个服装设计大赛都会给选手确定一个主题，参赛选手将围绕这个主题展开设计，通过绘制效果图将自己对主题的理解和设计理念表达出来，这也是决定参赛者是否能进入决赛至关重要的一步。评委往往从以下几个方面评判参赛效果图。

（1）设计理念是否新颖，是否紧扣主题。

（2）服饰配套是否完整。

（3）效果图构图是否完整，表达是否符合大赛的要求。

实际上，以上的任何一项都是通过效果图传达的，在效果图中，选手要塑造的是一系列完整的人物形象，包括服装、配饰、面部着妆、发型，要有统一的风格，绘画的手法也是多样的，可以手绘，可以借助电脑软件绘制，还可以两者结合绘制。在表现形式上也是多样性的，夸张、写实、抽象、写意等都可以选择。

如图5-3-1所示，此图表现的是一组牛仔装的设计，用钢笔淡彩法完成，表现的是巴洛克风格，流苏、印花、褶皱、蕾丝以及具有媚幻效果的蓝紫色调，肤色用钴蓝、黑色加水描绘，裤子和裙子的局部为了表现牛仔的水洗效果用了水迹法，将颜色晕染开。

如图5-3-2所示，此图用水彩和水溶性彩铅绘制，以花卉为主题将女性的柔美淋漓尽致地表现出来，图中花卉、人物面部着妆、头发的绘制都是用彩铅完成的。

▲图5-3-1　大赛效果图1

如图5-3-3所示，这是一组运动装的描绘，亮丽的色彩、不对称的分割拼接增添了服装的动感，使之更加贴近主题，在每个模特暗部的外围用粗的黑线条勾勒表示阴影，增强画面的空间感。

▲图5-3-2　大赛效果图2

▲图5-3-3　大赛效果图3

如图5-3-4所示，此图是一组以白色为主色调的礼服设计，所以，整幅图主要的绘制工具是水性笔，只是在暗部和有彩色的地方用淡彩描绘。花边、蕾丝、珠绣等细节都可以用水性笔描绘。

如图5-3-5所示，此图的主体颜色用黑色加水绘制，颜色干透后用红色彩铅在主体色上轻轻覆盖，面部五官采用省略画法，通过眼睛的一抹红色使简单的五官与服装融为一体。

▲图5-3-4 大赛效果图4

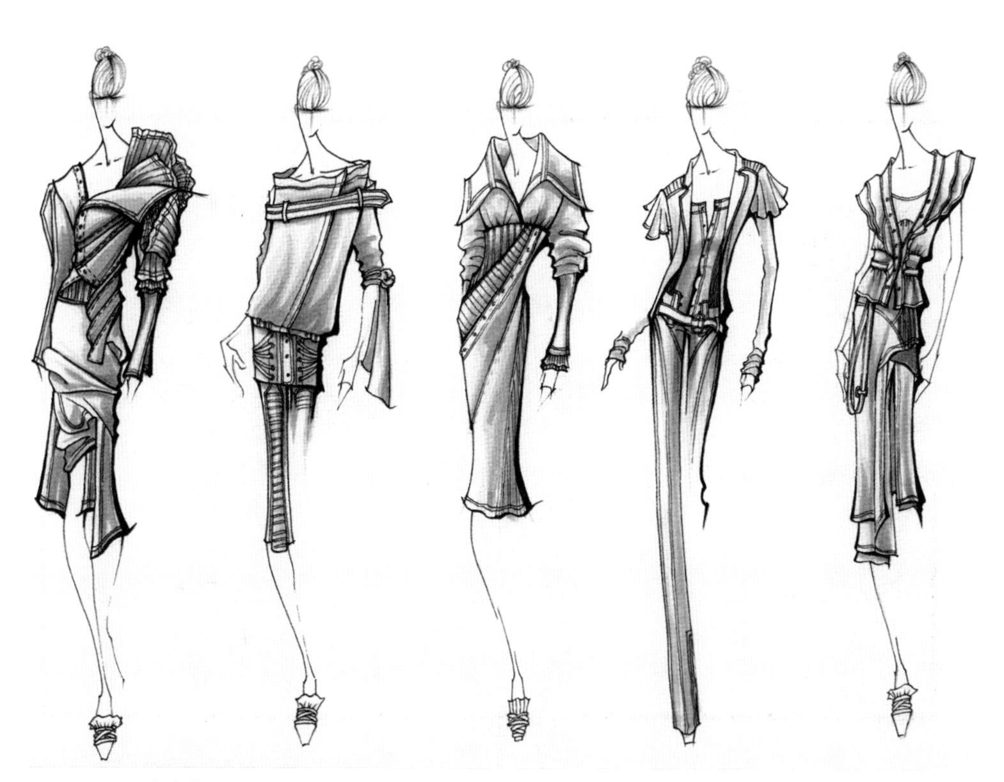

▲图5-3-5 大赛效果图5

如图5-3-6所示，此图以成熟的咖色作为主色调，用熟褐色加水绘制，带子是本图绘制的重点，要将带子的上下穿插、明暗面表达明确。

如图5-3-7所示，此图中唯一的颜色是黑色，亮部、暗部都用黑色加水调和，只是亮部水多色少，暗部水少色多。这幅图中运用了裘皮、丝绸、毛呢、蕾丝四种面料，此外还有刺绣、珠饰、流苏等装饰，是比较难绘制的一幅图，绘制本图时，运用了钢笔淡彩法、渲染法、水迹法描绘毛呢、丝绸、裘皮，通过色彩的轻重及线条的粗细将面料的厚薄软硬表现出来，用水性笔描绘蕾丝图案及流苏等装饰。

▲图5-3-6　大赛效果图6

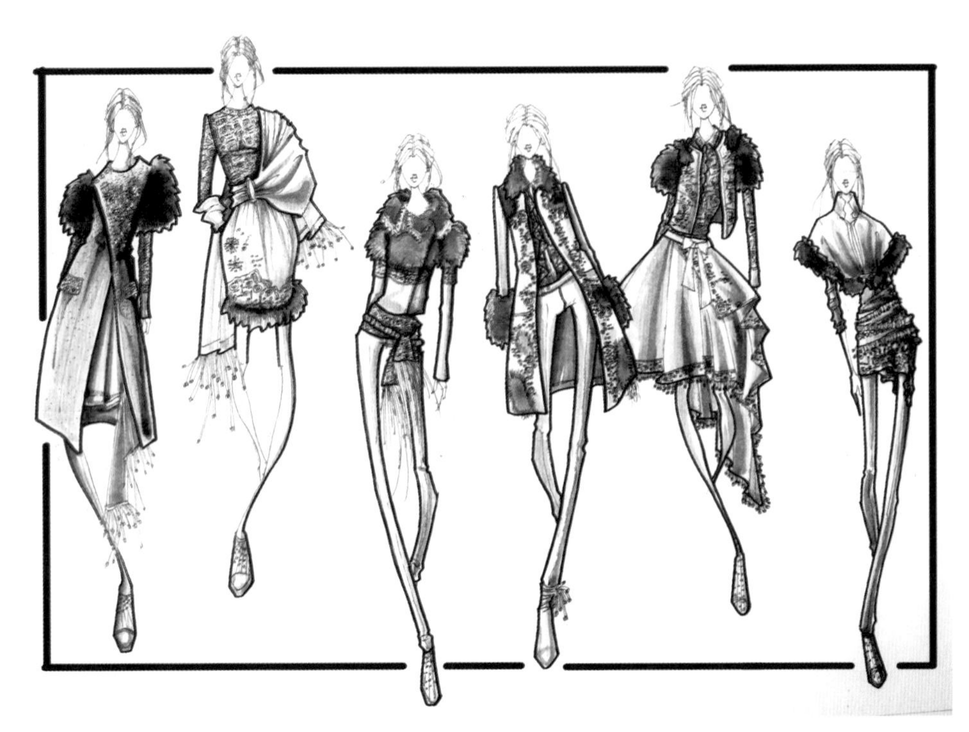

▲图5-3-7　大赛效果图7

二、案例分析

以下的这两组案例是为企业提供的设计方案，运用电脑绘图软件PHOTOSHOP和ILLUSTRATOR完成，方案包括效果图与款式图，这类实用装的设计方案在绘制时不能过于夸张，尽可能清晰明了，在特殊设计或特殊工艺的地方要用文字或图示标明。

案例一：家居防辐射服设计方案，如图5-3-8、图5-3-9所示

▲图5-3-8 家居防辐射服设计方案1

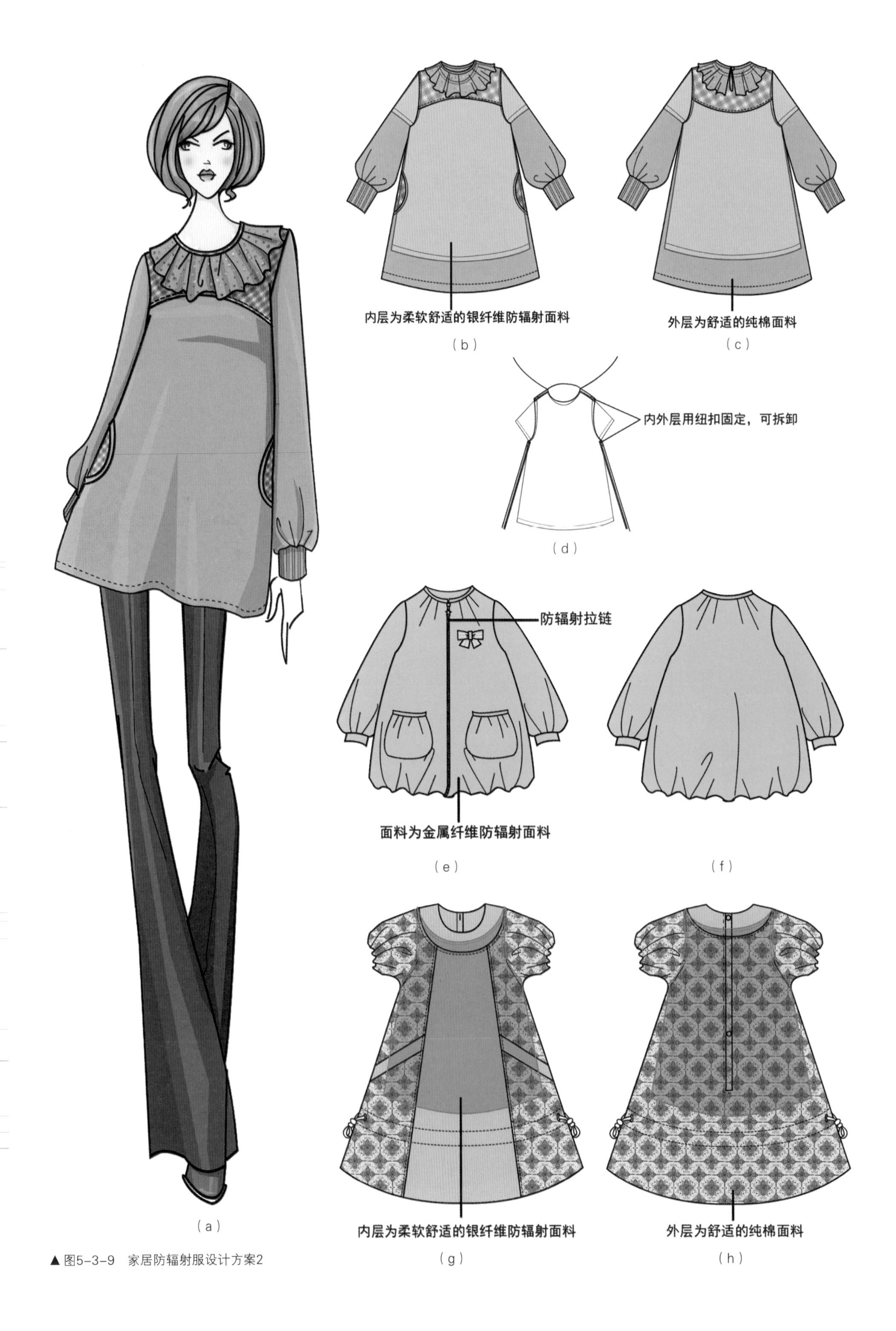

▲图5-3-9　家居防辐射服设计方案2

案例二：某公司制服方案，如图5-3-10至图5-3-12所示

▲图5-3-10 某公司制服方案1

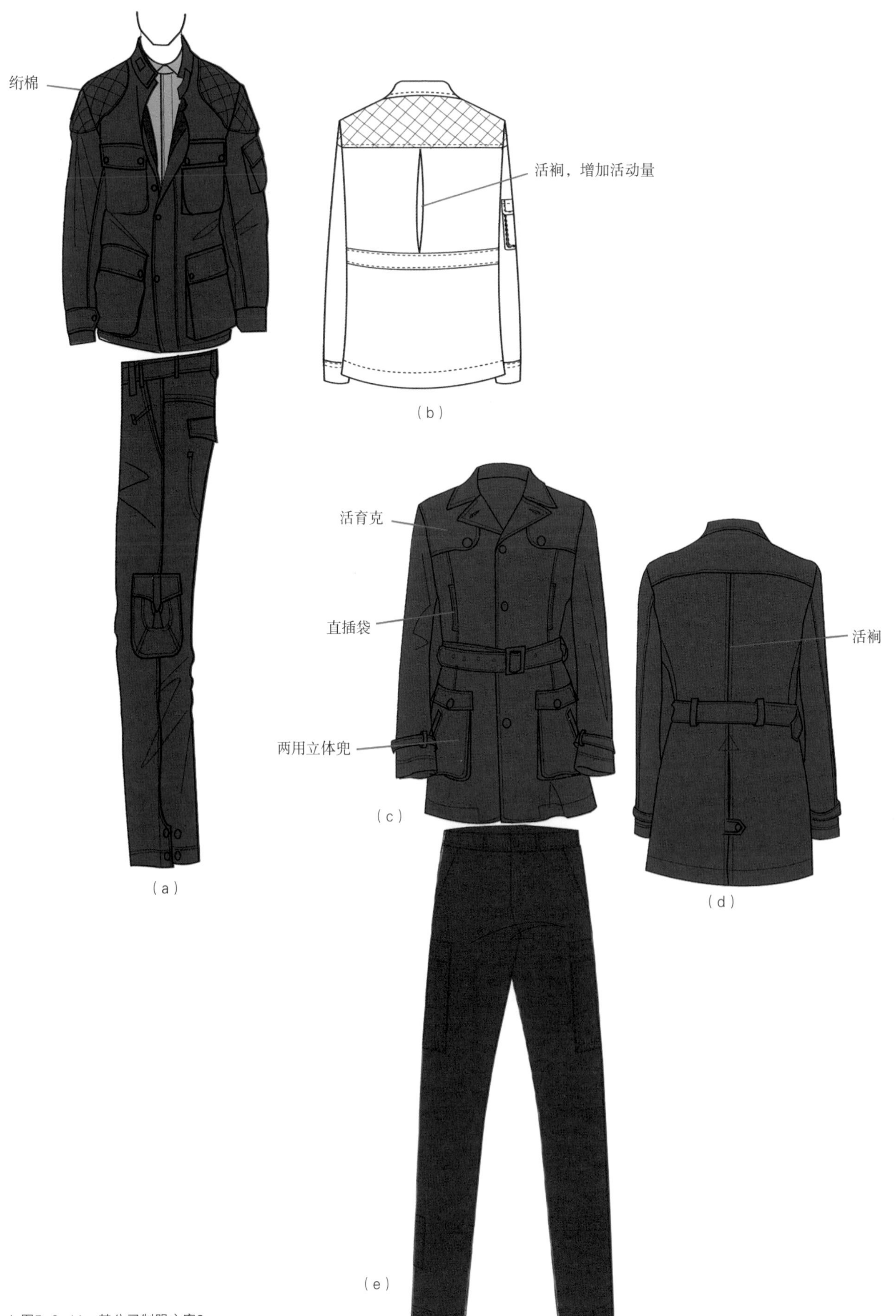

▲图5-3-11　某公司制服方案2

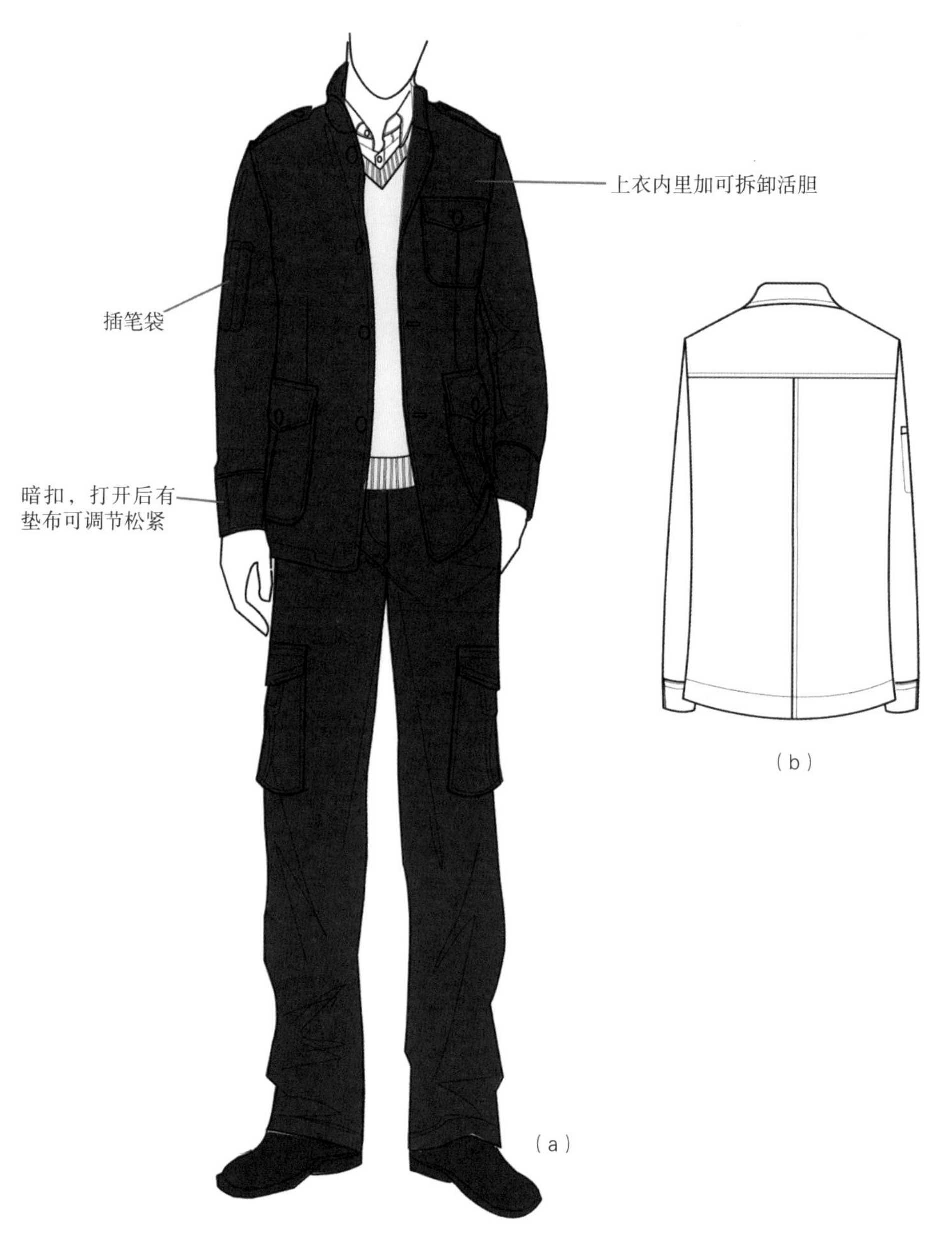

▲图5-3-12 某公司制服方案3

思考与练习题

1. 运用水彩的表现技法绘制5幅效果图，要将面料的质感表现出来，面部着妆、发型、服饰搭配完整。

2. 运用所学的绘画知识，绘制一系列大赛效果图。

参考文献

1. 【美】Anna Kiper. 美国时装画技法. 灵感·设计，北京：中国纺织出版社，2012
2. 【美】Bill Thames. 美国时装画技法. 北京：中国轻工业出版社，1998
3. 【英】赖尔德·波莱丽（Laird Borrelli）. 国际大师时装画. 北京：中国纺织出版社，2012
4. 服饰流行前线，http://www.pop-fashion.com/，上海逸尚信息咨询有限公司
5. 祖秀霞，曲侠. 服装设计绘画. 北京：中国传媒出版社，2011
6. 吕学海. 服装结构制图. 北京：中国纺织出版社，2002

后 记

《服装工业效果图》的编写并不是一气呵成的，它是在编写团队以及服装行业的同行多次商讨、修改的基础上完成的。目的是保证教材符合高职教育特点，贴近行业需求。在此我要感谢青岛职业技术学院副教授、山东省首席技师安平，同事田俊英；辽宁轻工职业学院副教授祖秀霞；北京慧之芳制衣有限公司首席设计师，我的挚友王舰波；青岛一华正红服饰有限公司总经理张一华，这本书里凝聚了她们的心血和智慧。

本教材结合课程教学方法，通过典型项目及相应的案例分析，引出知识点，再就知识点进行实战训练，形成知识点—案例—实战训练的编写体例。教材引用的案例都是来自企业、一流院校的优秀案例，具有一定的示范性。参照这些案例，可以帮助广大师生直接进入实战情境，同时可以参照国内一流院校教学的真实面貌，来检验自己的教学成果质量。

在本书的编写过程中得到了青岛市服装行业协会、青岛一华正红服饰有限公司、北京慧之芳制衣有限公司的大力支持，在此，向所有支持、关心、帮助本教材编写的领导和朋友们表示衷心的感谢，同时也要感谢中国轻工业出版社对本教材的编写和出版所给予的大力支持。

鉴于编者学识、经验所限，加之编写时间仓促，本书难免有所不足，敬请各位读者和同行指正，不胜感谢！